"시베리아 자작나무가 널 부르는 소리가 들리지 않아?"
이 여행은 한 통의 전화로 시작되었다.

매혹의 러시아로 떠난 네 남자의 트래블로그

서양수·정준오 지음

미래의창

★ ★ ★
여행 멤버를 소개합니다

수스키 (서양수)

연세대학교 신문방송학과를 졸업하고, KT IMC센터에서 마케팅 업무를 하고 있다. 한때는 방송사 PD가 되어 온 세상을 웃음의 도가니로 만들겠다는 호연지기를 품었으나, 지금은 회사에서 팀원들이라도 웃겨보려고 쩔쩔매는 레알 생활인이다. 지향하는 삶은 자유창작을 하는 예술인. 그러나 현실은 지나치게 규격화된 삶을 살면서 뭐든 성실해야 한다는 강박에 시달리는, 존재 자체가 형용모순 같은 괴로운 사람이다. 페이스북에 웃긴 글 쓰는 걸 좋아하며, 댓글 단 사람들을 꼼꼼하게 기억하고 집착하는 댓글 페티시가 있다. 대학 시절 배낭여행 못 해본 것에 한이 맺혀, 직장인이 되고부터는 휴가 때마다 '유사 배낭여행'을 즐기고 있다. 휴가는 직장인의 아편이라고 믿으며, 그렇게 뽕쟁이처럼 틈날 때마다 이탈리아, 프랑스, 스페인, 미국, 중국, 동남아까지 두루 훑었다. 남은 직장 생활도 아편 같은 여행 생활은 끊지 않을 작정이다. 그렇게 휴가 내고 지구 세 바퀴 반을 돌겠다는 목표로, 길에서 놀라고 생각하고 깔깔거리며 이 책의 2편, 3편, 4편을 이어가려 한다.

연세대학교에서 전기전자공학 학사와 천문우주학 석사를 받았다. 건설 회사에도 다니다가 치의학에 정착, 경희대학교 치의학전문대학원에 재학 중이다. 방황 중에 네팔, 인도, 알프스, 산티아고를 걷고 서른 살의 여행 에세이《행복하다면, 그렇게 해》를 썼다. 동네에서 둘째가라면 서러울 책 덕후이며, 카페에서 아메리카노를 휘저으며 책 읽는 소박한 허세를 즐긴다. 마이너스 통장과 생계형 아르바이트에 발목 잡혀 있는 소심한 예비 치과의사이지만, 여차하면 사막 마라톤이나 히말라야 트래킹을 하러 떠나는 다이내믹한 탐험가로 돌변한다. 취미는 등산과 자전거, 특기는 군악대에서 배운 색소폰 연주. 한결같이 간직하고 있는 오랜 꿈이 있다면, 우주에 가보는 것. 2006년 대한민국 최초 우주인 선발에서 아쉽게 탈락한 뒤 명예취재원으로서 러시아에서 진행되는 우주인 훈련에 참여할 기회가 있었지만, 어처구니없이 여권이 없어 불발되었다. 억울한 마음을 애써 삭히며 세계 최초 인공위성과 우주인의 나라 러시아에 가는 버킷리스트를 품고 살던 중,
마침내 기회를 만났다. 로씨야Россия!

준스키 (정준오)

태형 (최진택)

성균관대학교 경영학과를 졸업하고, 현재는 코스콤에 다니고 있다. 포스코, 마사회를 거쳐 신의 직장이라는 금융권 공기업에 안착한, 취업계의 최배달. 그러나 신입사원만 3년째. 이제는 휴가 내고 떠난다. 또 그만두고 다시 신입이 될 순 없지 않은가. 샐러리맨은 쉬고 싶다. 피곤한 생계형 신입사원. 그렇지만 못하는 게 없는 노련한 척척박사. 냉정하고 날카로운 판단력으로 물컹물컹한 나머지 세 명에게 돌직구를 날리는 여행계의 칸트. 선천적 방향치에 여행 집중력 결핍증을 앓고 있는 이들을 푸른 초장과 쉴 만한 물가로 이끈 인간 내비게이션. 그와 함께라면 러시아 뒷골목도 두렵지 않다.

설밤 (설영형)

성균관대학교 유학동양학부를 졸업하고, 현재 연세대학교 의학사 박사 과정 중에 있다. 인문학과 철학에 해박한 지식, 말빨, 글빨. 얼굴 빼고 모든 걸 다 갖춘 걸어다니는 위키피디아. 하와이에서 석사 과정 중 갑자기 다큐가 찍고 싶다는 생각으로 허생처럼 책상을 박차고 귀국해 일필휘지로 시놉시스를 완성했다. 그리고 2012년에는 방송통신위원회에서 주최한 제작 지원 공모에 지원. MBC, KBS 등 국내 최고의 제작진들과 함께 당선! 무려 2.7억 원을 지원받아 갈라파고스를 카메라에 담아 왔다. 도포를 입고, 사서삼경까지 섭렵한 그가 이번에는 러시아 문학에 심취했다고 한다. 그래서 톨스토이, 도스토옙스키, 푸시킨을 소환해 보드카 한 잔 거나하게 들이켜고 돌아오겠다는 야망을 품었는데……. 하지만 현실은 학자금 대출 빚에 숨 막혀 하는 서바이벌 생활인이다.

이때가 아니면 안 될 것 같았다.
후회할 것 같아 사표 내고 떠난다.
모든 걸 뒤로한 채 배낭 하나 메고 훌쩍 떠난다.

　이렇듯 생활의 무게를 단숨에 이겨내고 훌훌 떠나버리는 호방한 여행서가 넘치는 요즘. "거참 비현실적이네"라고 소심하게 외쳐보는 나는야 샐러리맨 5년 차다. 사표는 고사하고, 휴가도 눈치 보면서 내는. "너 휴가 가고 싶으면 일 다 끝내고 가"라는 팀장님의 일침에, 깨갱. 휴가 전날까지 폭풍 야근을 하는 레알real 생활인. 나 같은 현실 속 생활인들이 갈 만한 휴가지를 정복해보자. 그렇게 찔끔찔끔 가다 보면, 혹시 아나? 정년퇴직 전까지는 걸어서 지구 세 바퀴 반 정도 돌지?

　그런 가다 쉬다, 가다 쉬다 거북이 세계 여행을 콘셉트로 이야기를 엮어보고 싶다. 내게 등껍질은 없지만 돈 모아서 여행 갈 수 있게 해주는 회사는 있으니. 인생 뭐 있나? 잠시 베이스캠프에 들른다는 생각으로 출근하면, 그 또한 기쁘지 아니한가. 그래서 골라봤다.

남들 다 아는 그런 흔해빠진 곳이 아닌, 약간은 베일에 싸여 있는 곳. 밀려드는 관광객들로 숨도 못 쉬는 곳이 아닌, 한 발짝 떨어진 비밀스러운 곳. 그러면서도 예쁘고, 맛있고, 문화적으로도 반짝이는 가치를 숨겨둔 곳. 그리고 무엇보다 여름휴가 내고 잠깐 다녀올 수 있는 바로 그곳, 러시아!

마피아의 본고장, 보드카의 나라, 러시안 룰렛Russian roulette으로 사람잡는, 그래서 모 보험사에선 여행자보험도 안 받아주는 공포스러운 나라. 이런 러시아에 간다고 하니, 지인들의 반응은 참으로 괴기스럽다. 표도르 같이 운동을 좋아하는 백형들이 남아도는 힘을 주체하지 못하고 가끔씩 사용한다는 얘기. 스킨헤드skinhead라고 차두리식 헤어스타일을 고수하는 젊은이들이 있는데, 흔히 있는 유럽 소매치기와 달리, 물건을 가져가지 않고 생명을 가져간다는 내용. 뭐 대부분 이런 거다.

마침 몇 권 있지도 않은 여행 책엔 상트페테르부르크에서 괴한에게 폭행당한 이야기, 시베리아 횡단열차 여행 중 강도를 피하기 위해 중간에 하차한 얘기도 나온다. 재미로 찾아본 인터넷 짤방 세상은 한술 더 떠 거의 오싹오싹 공포체험 수준이다. 교통사고가 나자 기관총을 꺼내는 운전자. 한 손엔 장바구니, 다른 손엔 엽총을 들고 다니는 할머니. 그뿐 아니라 고속도로에서 갑자기 탱크가 나타나 길을 가로질러 버리는 시츄에이션까지.

나도 러시아가 이렇게 좋아질 줄 몰랐다.
그런데 이걸 어째.
이미 그 맛을 알아버렸다.

    아, 초식남처럼 예쁘게 시작한 글이 점점 남성미 물씬 풍기는 블록
버스터로 변해가는 느낌이다. 그런데 아무리 공포에 떨어봤자 사실 별
거 아니라는 거 안다. 오늘도 비행기는 모스크바로, 상트페테르부르크
로, 그리고 블라디보스토크로 부지런히 승객들을 나르고 있지만, 아직
까지 할머니의 엽총에 맞아 죽었다거나 혹은 지나가는 탱크에 발이 끼
었다는 소식은 들리지 않으니 말이다.

한 가지 분명한 것은 그런 공포스러운 이야기에도 불구하고, 러시아에는 다른 나라에서는 절대 볼 수 없는 치명적인 매력이 있다는 점이다. 유네스코 지정 세계문화유산으로 둘러싸인 모스크바와 상트페테르부르크, 대륙을 횡단하는 시베리아 횡단열차와 낭만적인 하얀 밤 '백야白夜', 세계 문학계에 지대한 영향을 미친 톨스토이와 도스토옙스키의 고향, 고전 발레의 역사를 새로 쓴 러시아 발레단, 우주 탐사 시대의 문을 연 세계 최고 수준의 우주과학 기술, 그리고 무엇보다도 이 모든 것을 압도할 수 있는 미모의 여성들이 있는 곳(마리아 샤라포바가 왜 모델이 되지 않고 테니스 선수가 되었는지 의문이 풀리던 순간을 아는가).

나도 사실 러시아가 이렇게 좋아질 줄 몰랐다. 그런데 이걸 어째. 이미 그 맛을 알아버렸다. 한마디로 꽂혔다. 상상하지도 못한 곳에서 발견한 상상 이상의 즐거움.

조금은 거칠지만 그래서 더 매력적인 러시아. 그럼에도 불구하고 관광객들에게 너무 알려져 있지 않은 은둔의 장소. 가치를 발견하는 이들에게만 그 농밀한 속살을 조금씩 내보일지니. 나 혼자 알고 있다가 죽기에는 도저히 입이 간지러워 못 참겠어, 대나무 숲에 소리 지르러 온 충신의 마음으로 키보드 앞에 앉았다. 약간의 무모함이 오히려 더 큰 재미와 맞교환되는 여행 시장. 이곳에서 우리가 간절히 원하는 것은 그 어디서도 발견하지 못했던 새로운 매력 아닐까.

자, 그럼 본격 러시아 여행기를 시작해볼까? 하라쇼xopoшo◆!

◆ 러시아어로 '좋아'라는 뜻.

★ ★ ★
러시아 친화도 테스트

다음 10개의 질문에 O, X로 답하시오.

1 (　　) '마피아 게임[1]'을 해본 적이 있다. 특히 마피아가 되어 시민을 속일 때 짜릿한 쾌감을 느꼈다.

2 (　　) 스크류드라이버 Screwdriver[2], 화이트러시안 White Russian[3]을 마셔본 적이 있다.

3 (　　) 본격적인 우주과학 시대가 열린 1957년, 인류 최초로 우주에 쏘아 올린 인공위성과 1961년 인류 최초로 우주를 비행한 사람의 이름을 안다.

4 (　　) '따~ 따라라라 따~ 따라~' 하고 시작하는 〈백조의 호수〉의 멜로디를 안다. 한국 아이돌계의 고조부쯤 되는 그룹 '신화'가 〈T. O. P.〉라는 노래의 인트로로 사용하기도 했던 그 곡!

5 (　　) "삶이 그대를 속일지라도 슬퍼하거나 노여워하지 말라." 불같은 그대 성격에 주문이라도 외우는 듯한 이 시를 한 번쯤 들어본 적이 있다.

6 (　　) 2014년 동계 올림픽에서, 쇼트트랙 선수 심석희의 짜릿한 역전승이 펼쳐진 도시 이름을 안다.

7 (　　) 로모[4] 카메라에 대해서 들어봤거나 사용해본 적이 있다. 로모가 만들어내는 어슴푸레한 프레임의 묘한 매력에 빠져본 적이 있다.

8 (　　) 러시아의 10월 혁명을 성공적으로 이끌어 세계 최초의 사회주의 국가를 수립한 이 사람의 이름을 알고 있다.

9 (　　) 눈사람처럼 동글동글한 귀여운 목각인형 '마트료시카 матрёшка'를 본 적이 있다. 몸통을 반으로 가를 때마다 그 속에 똑같이 생긴 작은 인형들이 나타나는 마트료시카를 보고, 몸통을 열었다 닫았다 하며 신기해해 본 적이 있다.

10 (　　) 톨스토이, 도스토옙스키, 안톤 체호프의 책 중에 한 권 이상 읽어본 적이 있다.

지금 이 책을 펼친 당신은 몇 개의 동그라미를 쳤을까. 호기심의 발로이든, 진중한 계획의 산물이든, 혹은 우연이든. 어쩌면 실수이든. 동그라미까지 치는 수고를 기꺼이 감수했다면, 아 그러니까 마음속으로 친동그라미도 인정! 어쨌든 그랬다면, 그 동그라미 수만큼은 적어도 러시아와 통하는 부분이 있는 건 아닐까. 러시아로 떠나기 위한 마음의 준비는 이미 된 것 같다. 물론 떠난다는 것이 공간의 물리적 이동만을 의미하는 것은 아니다. 드넓은 우주 속에 시간은 상대적으로 흐르듯, 자신만의 상상으로 이 시간을 채워보는 것 또한 또 하나의 여행일 테니 말이다.

---

1 1986년 모스크바 대학교 심리학부 교수 드미트리 다비도프 Dimitry Davidoff가 창안한 게임.

2 보드카에 오렌지주스를 넣어 만든 칵테일.

3 보드카에 커피 리큐어를 넣고, 그 위에 생크림을 띄운 칵테일.

4 로모 ЛОМО는 '레닌그라드 광학기기 조합 Ленингра́дское Опти́ко-Механи́ческое Объедине́ние'의 약자.

★ 목 차 ★

PART 1

러시아,
운명 같은 만남

사람은 살려고 태어나는 것이지
인생을 준비하려고 태어나는 것은 아니다.
인생 그 자체, 인생의 현상, 인생이 주는 선물은 숨 막히게 대단하다!

– 보리스 파스테르나크, 《닥터 지바고》

여행의
재구성

by 수스키, 준스키

여행 동지 모으기 by 수스키

"아니 뭐라고? 그럼 모스크바에서 우리랑 며칠 못 있는다고?"

이게 대체 무슨 날벼락일까. 이미 다 예약해놓은 비행기 표며 기차, 크루즈, 숙소는 어쩌란 말인가. 처음부터 러시아를 선택한 이유는 사실 간단했다. 이노가 거기 살고 있으니까. 우리의 입과 발이 되어주는 이노 옆에 치와와처럼 달라붙어서 귀여움이나 떨면 되는 거였다. 그렇게 보여주는 거 보고, 먹여주는 거 먹으면 그만이었다. 그런데 이게 무슨 날벼락이냐.

"회사에 급한 일이 좀 생겨서, 모스크바에도 며칠 못 있을 것 같아. 미안해서 어쩌지. 그래도 오면 내가……."

수화기 너머로 들리는 목소리는 진중했다. 그리고 미안한 마음이 역력했다.

"당연히 괜찮지. 어차피 말도 전혀 안 통할 거고. 비행기 표야 취소하면 되지. 껄껄껄." 웃으며 눈물을 머금었다. 이런 비상 상황은 함께 여행하기로 한 택형에게 빨리 알려야 한다.

"뭐? 빨리 취소하자."

택형의 의견도 깔끔하게 나와 같다. 사실 대안도 없다. 말도 안 통하는 곳에, 다른 곳도 아닌 완전 무서워 보이는 러시아에 우리가 어떻게 간단 말이야. 아마도 나와 택형은 여우의 저녁 식사에 초대된 두루미처럼 문화 부적응을 보이다 굶어 죽거나 신입 마피아의 저녁 사격용 표적으로 사용될지도 모른다. 그래, 당연히 취소를 해야지. 암. 그런데 뜻하지 않은 장애물이 현실로 다가오는 데는 그리 많은 시간이 필요치 않았다.

"네? 뭐라고요? 취소 수수료가 15만 원이라고요?"

비행기가 다가 아니다. 이미 선납금을 넣어놔서 취소가 안 되는 숙소, 취소 수수료가 제각각인 기차와 크루즈까지. 아 그러고 보니 20만 원이 넘게 주고 발급받아놓은 비자는 써먹을 데도 없겠구나. 어쩐다. 도합 50만 원은 족히 되는 돈을 그냥 잃을 수는 없다.

"택형, 어쩌지?"

택형이 도사처럼 먼 산을 바라보고 한숨을 쉰다.

"얼마라 그랬지?"

한숨의 끝에 신음하듯 내뱉는 그의 목소리. 목숨보다 그깟 50만 원을 버리지 못하는 내 처지가 불쌍해 눈물이 나올 뻔했다. 우린 어쩔 수 없는 레알 생계형 샐러리맨인가 보다. 가자, 형.

"응. 가야지 뭐."

좀 떨떠름하지만 어쩔 수 없다. 좀 찝찝하지만 방법이 없다. 뭔가 끌려가는 것 같지만 그래도 가야 한다. 이제부터 서바이벌이다. 그렇게 택형과 나는 살아남기 위해 공부를 했다. 남파를 앞둔 공작원처럼. 하나하나 피가 되고 살이 되는 생존 기술들이었다. 그렇게 초단기 속성 생존법을 익히고 있던 시절. 뭔가 하나의 안전장치를 더 심어놓고 싶었다.

"우리 사람 더 끌어모을까? 같이 가면 훨씬 재밌기도 하고, 좀 마이너지만 뭐 안전하기도 하고. 하하."

"어, 좋은 생각이다."

택형도 다행히 동조해줬다.

"그런데 누구?"

느닷없이 걸려 온 전화 한 통 by 준스키

한창 벚꽃이 필 때쯤이면 학교는 여지없이 시험 기간이다. 강의실 창문으로 비쳐 드는 볕을 멍하니 바라보며 시험공부를 하던 아침이었다. 수스키에게서 오랜만에 걸려 온 전화.

"시베리아 자작나무가 널 부르는 소리가 들리지 않아?"

느닷없는 물음이었다. 시베리아 자작나무가 부르든 아라비아 커피나무가 부르든 알게 뭐람. 당황해서 대답조차 하지 못하고 있는데 수스키가 말을 이었다.

"우리 러시아 가자! 그때 그 멤버 그대로!"

"뭐? 전에 블라디보스토크에서는 어두워지면 밖에 나가지도 못했잖아. 마피아나 스킨헤드 때문에 위험하지 않을까?"

"마피아는 조직범죄 집단이야. B2B라서 우리 같은 여행자들과는 별로 상관없어. 치안도 꽤 좋아져서 스킨헤드 걱정은 크게 하지 않아도 된다던데? 게다가 이노가 지금 모스크바에 파견 나가 있는데, 지금 같은 기회가 또 언제 있겠어?"

그렇다. 우리는 시베리아 횡단열차를 타고 시작된 인연이다. 2008년의 뜨거웠던 겨울, 우리는 모 월간지에서 주최한 '대학생 연해주 역사·문화 탐방단'에 선발되어 발해의 역사와 독립운동가들의 발자취를 좇아 일주일간 러시아 연해주 지방을 탐방할 기회를 얻었다. 시베리아 횡단열차를 타고 블라디보스토크에서부터 우수리스크, 하바롭스크로 이동하는 여정. 마침 같은 객실을 배정받은 우리 네 사람은 저마다의 꿈과 풋풋한 고민들을 나누며 밤을 지새우는 동안 금세 허물없는 친구가 되었다. 모두 아직 대학생이었던 그때, 우리는 무엇이든 해낼 수 있을 것만 같은 자신감으로 질주하는 열차처럼 달려나가고 있었다.

그렇게 파릇파릇했던 우리도 이제 어느덧 삼십 줄에 접어들어, 거친 세상에 부딪히고 깎이면서 그때 품었던 꿈들과는 전혀 다른 모습으로 살고 있다. 대조영처럼 광활한 영토를 정복하는 것에만 행복의 모습이 숨어 있는 것이 아니고, 역사는 이름 있는 사람들만이 물길을 내는 것이 아님을 알아가면서. 자작나무가 자길 부르는 소리가 들린다는 감성 넘치는 수스키는 어느새 직장인 5년차. 나도 내가 서른이 넘어서도 여전히 학교 울타리 안에 머물게 될 줄은 몰랐다. 다른 친구들이라고 크게 다르지 않을 것이다. 우리는 여전히 방황하고 있었다.

"지금이 아니면 안 돼."

수스키의 말이 귓전을 맴돌았다. 시베리아 횡단열차의 한 객실에서 만난 인연으로 지금까지 우정을 지켜온 우리들. 좀 더 나이를 먹고 각자의 생활에 더욱 바빠지게 되면, 우리가 다 함께 러시아를 여행할 기회는 어쩌면 두 번 다시 없을지도 모르는 일.

"좋아, 가자!"

이렇게 외치는 순간에 다시 가슴이 뛰기 시작했다. 가슴이 시키는 일은 대체로 옳았으니까. 행복은 셀프서비스다! 상상조차 못했던 러시아 여행이 다시 시작되는 순간이었다.

설뱀 꼬시기 **by 수스키**

그리고 또 하나의 제물이 필요하다. 나, 택형, 준스키가 모여 강렬하게 떠올리는 한 사람이 있었으니 다름 아닌 '설뱀'. 그로 말할 것 같으면, 맥주 한 병만 물려주면 조증이 의심될 정도로 기분이 좋아 날아가 버리는, 생각만 해도 유쾌해 우리 여행에 꼭 필요한 사람이다.

"왜 설뱀 부를 생각을 못 했지?"

"설뱀 가자~ 설뱀 가자!"

웬만해선 남한테 아쉬운 소리 잘 안 하는 준스키가 저렇게 조르는데도 설뱀은 완고하다. 뭐 하나 쉬운 일이 없구나. 나이 들면 느는 건 고집밖에 없어서일까. 그는 학생이 돈이 어딨냐며, 해야 할 것도 산더미라며 고집에 고집은 다 부리고 있었다. 그래서 나는 필살기를 꺼냈다.

"설뱀, 책으로 엮을 거야. 러시아 여행 말야."

우리의 러시아 여행을 책으로 만들어보자는 이야기였다. 러시아 여행을 계획하면서 나는 의외로 러시아에 관한 책이 거의 전무함을 알게됐다. 그나마 있는 책들도 절판 아니면 품절이었다. 러시아의 정보나 역사적 사실을 전달하는 딱딱한 책이 아닌, 여행자의 시각에서 여행지의 설렘과 새로움, 그 느낌을 전할 수는 없을까 하는 생각이 절실했다.

그리고 우리의 이야기를 책으로 엮겠다는 발상에는 좀 더 현실적인 이유가 있었다. 바로 설뱀을 꼬시기 위해서였다. 설뱀은 내가 아는 남자 중에서 최고의 수다쟁이로, 유쾌함과 발랄함으로 무장해 쉴 새 없이 이야기하는 사람이다. 긴 가방끈을 무기로 방대한 지식을 뽐내며, 중간중간 우리가 "그건 아니지 않아?"라고 일침을 가하면 엄청 민망해하는. 그래서 잘난 척이 밉지 않은 그런 귀여운 캐릭터다.

나는 본격적인 호객 행위를 시작했다.

"자, 봐봐. 설뱀 얘기가 나온 책을 설뱀이 읽게 되는 거야. 완전 멋지지?"

그러자 설뱀은 그 모습을 상상하며 약간 흔들리는 것 같았지만, 그래도 움직이지 않는다. 이 사람 강적이다.

결국 나는 "설뱀, 내가 꼭 계약금 받아서 설뱀 모실게"라는 말을 던지고, 오밤중에 출판사들에 제안서를 돌렸다. 낮에는 회사원, 밤에는 이야기를 파는 세일즈맨이 되어 그렇게 얼마간을 살았다. 그리고 마침내 한 출판사와 출판 계약을 맺게 되었다.

정확히 러시아 출발 한 달 전이었다. 당장에 설뱀한테 전화해 크게 웃어재꼈다.

"우하하하! 갑시다, 설뱀."

잘했다고 오른손으로 내 뒤통수를 쓰다듬어주고 싶다. 남 박사가 독수리 오형제를 모으듯, 공포의 외인구단이 만들어지듯, 그렇게 내 손으로 만들어낸 두근두근 여행 공동체. 이제 출발까지 코앞이다. 넷이 모이니 일사분란. 준비해야 할 것들이 리스트로 만들어진다. 그리고 척척 해야 할 일들이 돌아간다. 가방끈이 제일 긴 설뱀은 무슨 학회를 만들듯이 러시아 공부를 주도했고, 그렇게 러시아 문화사 스터디를 빙자한 술판이 종로에서, 강남에서, 혜화에서 수시로 벌어졌다.

꼭 떠나는 것만이 여행은 아니다. 출발 전의 설렘과 기대, 그리고 그 모든 시간을 품는 순간부터 이미 여행은 시작된 것이나 다름없었다.

6년 전,
시베리아 횡단열차

●

by 수스키

우리의 첫 만남은 지금으로부터 6년 전으로 거슬러 올라간다. 나이도, 사는 곳도 제각각. 각기 다른 삶을 살고 있던 우리는 호기심도 많고 하고 싶은 것도 많았던 대학생이었던 것 같다. 모 월간지에서 러시아를 무려 공짜로 보내준다는 '연해주 역사탐방단'을 모집하자 각자의 사연을 무기로 주저 없이 지원했던 것을 보면 말이다. 여하튼 그렇게 공짜 티켓을 거머쥔 우린 각각 시베리아 횡단열차에 올랐다. 사실 우리처럼 모인 대학생들은 우리 말고도 여럿이 있었다. 그중에서도 우리가 열차 안 같은 쿠페kyné(시베리아 횡단열차의 4인실 침대칸)를 쓰게 된 것이 인연이라면 인연이었을까. 그때만 하더라도 우리가 이 멤버 이대로 다시 러시아를 찾을 것이라고는 상상도 못 한 터였다.

"어, 음…… 그러니까 이 칸이 맞겠죠?"

시베리아 횡단열차의 좁디좁은 쿠페 안, 1층 침대에 나와 준스키가 쭈그리고 앉아 있다. 그리고 우리와 마주 보고 있는 택형과 설뱀. 네 명 모두가 처음 만난 어색함 속에서 쭈뼛쭈뼛하고 있는 동안 침묵도 깰 겸 내가 허공에 질문을 던졌다.

"제가 물어볼게요. 익스큐즈미?"

택형이 얼른 표를 내밀며 승무원에게 묻는 찰나, 승무원은 그에게 호되게 면박을 줘버린다. 물론 러시아 말이었다.

"와, 진짜 무섭네!"

포천 욕쟁이 할머니도 두 손 공손히 모으게 할 불친절함이었다.

"크하하. 얼른 와서 앉아요. 잘못하면 엉덩이 걷어차이겠네."

"크크크."

이유도 모르고 혼구멍이 난 택형 덕분에 쿠페 안 분위기는 훨씬 부드러워졌다.

"원래 러시아인들은 공산주의의 영향으로 좀 무뚝뚝한 감이 있어요. 사실 슬라브족의 역사를 따라가 보면 말이죠……."

무엇이든 척척 설명해주는 설뱀. '와!', '오!' 주로 이런 감탄사만 연발하던 준스키가 뭔가 생각났다는 듯 묻는다.

여행자의 로망, 기차 여행의 끝판 왕.
총 일곱 개의 시간대를 가로지르는 시베리아 횡단열차.
여전히 흔들리는 서른이라면
도전해볼 만하지 않아?

"근데 설뱀은 전에도 러시아 와봤어요?"

"아, 그러니까…… 아니."

"아이 뭐야, 우리랑 똑같은 초보잖아! 크크크."

열차 안에 또 한 번 웃음이 터졌다. 낄낄거리는 횟수가 잦아질수록 서로가 더 가까워지는 건 당연할 이치일까. 우리는 그렇게 러시아에 오기까지의 자기 자신에 대한 이야기, 간간히 꿈에 대한 이야기, 그리고 아주 길게 사랑으로 포장한 여자 이야기를 하면서 러시아의 밤을 보냈다. 원래부터 봐왔던 오랜 친구처럼 죽이 척척 맞았다. 어쩌면 이건 시베리아 횡단열차가 가진 마법 같은 힘 때문이었는지도 모르겠다. 이 열차를 타고 끝없이 펼쳐진 설국의 평원을 달리다 보면, 처음 본 남녀가 사랑에 빠지는 일도 그렇게 많다고 하니 말이다. 영화 〈러브 오브 시베리아〉도 따지고 보면 그런 이야기이고 말이다.

"짜잔!"

한창 이야기가 무르익을 무렵 설뱀이 술을 한 병 꺼냈다. 대체 어디서 사 왔을까. 술병엔 사슴뿔이 그려져 있다.

"녹용주인가?"

술을 마시니 열이 올랐다. 안 그래도 열차 안은 히터 때문에 더운데.

"어우, 더워. 나 내복 벗을까?"

쿠페 안에서 처음 만난 친구들과 맞이하는 러시아의 첫인상. 침대가 들어 있는 기차를 탄 것도 처음이었으며, 말로만 듣던 시베리아 횡단열차를 탄 것도 물론 처음이었다. 아, 난 진짜 시베리아 횡단열차를 타고 있구나.

열차는 속력을 내며 설국을 달렸다. 대문호 톨스토이가 《전쟁과 평화》를, 《안나 카레니나》를, 《사람은 무엇으로 사는가》를 탄생시킨 곳. 도스토옙스키가 《죄와 벌》과 《카라마조프가의 형제들》을 창조해내고, 고골이, 푸시킨이, 차이콥스키가, 스트라빈스키가 자신의 작품을 빚어내고 만들어낸 곳으로 우리는 그렇게 달려가고 있었다. 그곳에서라면 천재들이 탄생한 비밀을 엿볼 수 있지 않을까. 그렇게 그들이 봤던 세상을 나도 볼 수 있다면, 그들처럼 무엇가를 만들어낼 수 있지 않을까 상상했다.

역사적으로 보면, 천재들을 토해내듯 배출해내는 특정한 시기가 있었다. 그것도 특정한 장소에서 말이다. 대표적인 곳이 15세기 이탈리아의 피렌체다. 보티첼리, 레오나르도 다빈치, 미켈란젤로 등이 피렌체와 인근 마을에서 탄생해 동시대에 활동했다. 그리고 그들은 〈비너스의 탄생〉, 〈모나리자〉, 〈피에타〉 등의 걸작을 만들어내며 이탈리아 르네상스의 꽃을 피웠다.

이처럼 경이로운 일이 벌어지는 곳이 또 하나 있었으니, 바로 러시아의 상트페테르부르크와 모스크바다. 19세기의 이 도시에 톨스토이, 도스토옙스키, 안톤 체호프, 차이콥스키, 라흐마니노프 등이 줄을 이어 나타났다. 불과 100년 안팎의 짧은 시간이었다. 천재들은 서로가 서로에게 영감을 주고받으며 그렇게 역사에 남을 작품들을 쏟아냈다. 차이콥스키의 곡을 들으며 톨스토이가 눈물을 흘렸고, 그 이야기를 듣고 다시 차이콥스키가 "그때만큼 작곡가로서 기뻤던 적이 없다"며 감동을 받았다. 도스토옙스키는 한 연설에서 푸시킨을 '러시아의 예언자'라고 추켜세웠으며, 그 연설에 투르게네프가 감동을 받았다.

그리고 그 예술 작품들은 백여 년이 지난 지금까지도 유라시아 대륙을 가로지르며 우리나라에서도 고전으로 읽히고, 크리스마스 때마다 연주되며, 여전히 우리를 설레게 하고 있다. 백 년이 넘어서도 살아남는 문학, 이백 년이 지나도 기억되는 음악, 삼백 년이 흐르고도 영감을 주는 그림. 이처럼 불멸하는 예술품을 남기고 싶은 욕망은 유한한 인간이 꿈꿔야 하는 숙명인 것 같다. 예술가들은 그렇게 무한한 불멸을 꿈꾸며 자신의 작품을 완성해갔는지 모른다. 그리고 그들의 노력과 직감이 헛되지 않았음을, 그들의 작품들이 지금도 남아 증명해 보이고 있는 도시를 여행한다는 것은 기적 같은 일이다. 그들의 흔적은 어디 있을까. 기차는 차갑게 얼어 있는 시베리아 동토를 반드시 깨우고야 말겠다는 듯 달리고 또 달렸다.

"이거 내가 아까 시장에서 산 건데 먹어볼래? 돼지비계래."

인간의 삶이 아무리 유한하다 한들, 그 유한함만이라도 지속시키고 싶다면 먹어야 한다. 설뱀의 손에 들린 것은 '살로Сало'라는 러시아 전통 음식. 살짝 언 푸딩 같기도 하고 삼겹살 구울 때 흐르는 지방을 굳혀 만든 양갱 같기도 했다.

"비주얼이 그다지 확 땡기지는 않네."

그래도 오늘 밤 우리의 일용할 술안주가 될 놈이다.

"현지에 왔으면 현지 음식을 꼭 먹어야지."

설뱀의 확고한 여행 철학이다. 돼지비계를 들고 있는 설뱀의 눈이 반짝였다. 덕분에 우리에게도 할당량이 떨어졌다. 나는 내 몫으로 할당

된 돼지비계를 바라보며, 어쩌면 이 음식이 그 옛날 러시아 예술가들이 즐겨 먹던 것인지 모른다고 스스로를 달래기 시작했다. 그들이 이 음식을 먹고 떠올린 영감을 나도 떠올릴 수 있다면 기꺼이 한입 하리라. 준스키가 가져온 맥가이버 칼로 베이컨처럼 얇게 썰어 한 점을 입에 넣어본다. 쭈물쭈물 퍼지는 돼지비계의 맛. 딱 상상했던 냄새 그대로였다.

"아, 이거 이빨에 끼잖아."

청국장을 처음 맛본 프랑스 꼬마들처럼 우리는 호들갑을 떨었지만, 양치질을 해봐야 별미의 냄새는 그대로 남았다. 러시아의 흔적을 반드시 기억하라는 듯한 돼지비계 살로와 함께 그렇게 러시아의 밤이 지나고 있었다.

새벽녘이 되어 열차는 하바롭스크에 우리를 내려놓았다. 대륙을 횡단한다는 세계에서 가장 긴 철길. 그것의 반의 반도 맛을 보지 못했지만 어쩔 수 없었다. 당시 여행의 목적이 연해주 지역의 역사탐방이었기에 계속해서 서쪽으로 갈 수는 없는 노릇이었다. 가지 못한 곳에 대한 아쉬움은 원래 더 큰 법일까. 나는 보이지 않을 만큼 길게 뻗어 있는 철길을 보며 생각했다. 언제쯤 이 철길을 따라 서쪽으로 서쪽으로 계속해서 달릴 수 있을까.

"쩝, 여긴 진짜 춥네."

"당연하지, 러시아인데."

아쉬움이 큰 탓일까. 입맛을 쩝쩝 다시며 우리는 하나 마나 한 소리를 주고받았다.

"여름에는 훨씬 볼 만하다는데. 많이 덥지도 않고 말야."

택형의 말에 서쪽에 있다는 도시 상트페테르부르크와 모스크바를 상상했다. 왠지 그것은 겨울에 상상하는 여름처럼 요원해 보였다. 결핍은 상상을 하게 한다는 한 소설가의 말처럼, 그렇게 가보지 못한 곳에 대한 상상은 우리를 달아오르게 했다.

그리고 6년이라는 시간이 지났다. 꿈 많은 대학생이었던 우리는 모두 대학을 졸업했으며, 나와 택형은 회사에 다니고 있다. 설뱀은 석사를 지나 박사를 향해 가고 있고, 준스키는 다니던 회사를 그만두고 치의학전문대학원에 들어갔다. 서른이면 뭐라도 돼 있을 줄 알았는데, 가만 보니 여전히 흔들리고 있다. 각자 간절히 꿈꿔왔던 길이 있었는데, 지금 와서 보니 그 길로 걸어가고 있는 이는 우리 중에 없는 것 같다. 많은 사람들이 부러워할 만한 길을 가고 있는 것도 같은데, 정작 스스로는 피해 의식과 열등감을 배낭처럼 메고 다닌다. 그래서 그런지, 서로 잘도 삐친다. 무슨 남자가 그렇게 잘 삐치냐며 짜증을 내다 나도 삐친다. 그래도 그게 이상하게 위로가 된다. 나 같은 놈 하나 세상에 더 있다는 게. 그렇게 서로 위로하며 낄낄거리며 거짓말 같은 시간을 뒤로한 채 네 명이 다시 모였다.

우리 언젠가 꼭 가보자. 6년 전에 했던 설익은 약속이 진짜로 이루어지고 있었다. 상상만 했던 도시 모스크바와 상트페테르부르크. 어렵사리 구한 비행기 표를 쥐자 실감이 나기 시작했다. 그리고 그때의 설렘이 다시 마음속에서 살아나고 있었다. 마침내 우리의 두 번째 여행이 시작된 것이다.

시베리아 횡단열차

이 열차로 말할 것 같으면 여행자들의 로망. 기차 여행의 끝판 왕! 타기만 하면 아시아에서 유럽으로, 유럽에서 아시아로 이동시켜주는 신비의 열차다. 이동 거리만 무려 9,288킬로미터. 지구 둘레의 4분의 1이나 되는 길이다. 한마디로 세상에서 제일 긴 대륙 간 횡단열차인 셈이다. 그렇게 기차가 관통하는 도시만 90여 개! 가장 긴 코스인, 모스크바에서 블라디보스토크까지 가려면 무려 6박 7일이 걸린다. 그사이에 시간대만 일곱 번이 바뀐다고 하니 그야말로 시간을 달리는 기차라 불릴 만하다. 재미있는 건 모든 티켓의 시간과 시간표는 모스크바를 기준으로 한다는 점. 결국, 모스크바가 아닌 곳에서 타고 내릴 때는 모스크바 시간대와 현지 시간대를 꼼꼼히 구별해야 한다. 그러지 않았다간 비싼 표 값 날리고, 기차 놓치는 추억 하나 추가하게 된다.

시베리아 횡단열차의 종착점인 블라디보스토크 역의 기념물.

기차 안에서는 훈제 생선과 보드카, 그리고 그 유명한 '도시락 라면' 등을 사 먹을 수 있다. 하지만 아쉽게도 가격이 그리 싼 편은 아니다. 가난한 여행자라면 기차가 정차할 때마다 만날 수 있는 노점표 길거리 음식을 강력 추천. 단, 정차 시간이 길지 않으니 후다닥 내려서 원하는 음식을 빛의 속도로 스캔, 그 짧은 시간 안에 흥정까지 끝마쳐야 한다. 짧은 시간 심장이 쫄깃하게 조여오는 맛은 기차 여행이 주는 또 하나의 재미다.

이런 시베리아 횡단열차는 어떤 노선이든 이르쿠츠크를 지나는데, 이곳에 내리면 그 유명한 바이칼 호수를 직접 알현할 수 있다. 세계 최대의 담수호로서 '시베리아의 푸른 눈'이라는 별칭을 가진 맑고 맑은 호수. 어찌나 맑은지 수심 40미터 정도까지는 그냥 육안으로 볼 수 있다고 한다. 평균 수심은 700미터, 제2롯데월드를 삼키고도 남는 깊이로 세계에서 가장 깊은 호수다. 여러 가지 세계기록을 가진 이 호수는 또 세계에서 가장 오래된 호수이기도 하다. 이 호수의 나이가 약 2만 5,000살 정도 되었다고 하니 네안데르탈인과도 호형호제할 만하다. 아무튼 그렇게 오래 지내다 보니, 이곳에만 살고 있는 동식물들도 많다. 그러니 이르쿠츠크에 간다면, 오직 이곳! 바로 이곳에서만 먹을 수 있는 물고기 '오물омуль'은 꼭 먹어보자!

세상에서 가장 깊고 넓고 오래된 호수, 바이칼.

러시아, 감격의 재회

●

by 수스키

출국 열한 시간 전

내 이럴 줄 알았다. 그렇게 재고 또 재서, 제사장 기우제 지내듯 이 정도면 좀 괜찮겠지 싶은 날짜를 콕 찍었는데. 그렇게 비행기까지 덜컥 예약해버렸는데. 그런데 이걸 어째? 막상 닥치고 보니 휴가 기간과 회사 프로젝트 마감 날짜가 여지없이 겹쳐버린다. 그러니까 나는 우리 팀이 가장 바쁠 시기에, 내가 책상 앞에 패키지로 붙어 있어야 할 시점에 휴가를 가야 하는 상황인 게다. 비행기 표를 딱 일주일만 뒤로 미루면 진짜 나이스 타이밍인데.

"여보세요? 저 위약금 내도 괜찮으니까 날짜 좀……."

역시나, 특가 행사 쌈마이 티켓에 그런 관용이 있을 리 없다. 지불한 만큼 누릴 수 있는 자본주의를 저주하며, 이 휴가 하나 얻기 위해 상반기부터 얼마나 노력했나 생각해본다. 스크루지 영감 금화 모으듯 차곡 차곡 야근하며, 주말 근무도 불사하면서 "아, 쟤 좀 쉬어야 돼. 너무 달렸어"라는 말이 거의 나올 뻔했는데. 이 무슨 운명의 장난일까.

예약한 비행기 티켓을 방패 삼아, 결국 휴가는 떠나게 됐지만 그에 합당한 대가를 지불해야 했다. 그것은 형벌 같은 야근. 그렇게 출국 전날, 자정에 가까운 시각까지 일을 마무리한 뒤에야 사무실을 나설 수 있었다. 회사 앞에서 택시를 잡아타고 시계를 보니 비행기 이륙까지 열한 시간도 채 남지 않았다. 아직 싸지 못한 짐 가방보다, 놓고 온 일 걱정이 발목을 잡는다. 이 휴가 잘 다녀올 수 있을까? 머뭇거리는 마음과는 달리 택시는 강변북로를 쌩쌩 달려나간다. 차창 밖으로 보이는 한강은 속도 모르고 예쁘게 반짝거리고만 있었다.

도착 아홉 시간 전

"손님 여러분, 모스크바까지 가는 대한항공 KE923편이 잠시 후에 출발하겠습니다. 전자기기의 전원이 모두 꺼져 있는지 다시 한 번 확인해주시고, 지정된 자리에 앉아 좌석벨트를 매주시기 바랍니다. 목적지까지 편안하고 즐거운 여행 되십시오. Ladies and gentlemen……."

이륙. 대체 비행기를 얼마나 더 타봐야 이 섹시한 중력해방감을 쿨하게 받아들일 수 있을까. 다리를 꼬고 앉아 "에헴!" 하며, 잡지나 쳐다보면서 말이다. 난 아직 한참 먼 아마추어라 그런지 탈 때마다 떨리고 두근거려, 기대감으로 부푼 마음은 이륙과 동시에 두둥실 떠오른다. A4용지만 한 창문으로 세상을 보면, 세상도 딱 그만해 보인다. 결국 딱

저만한 곳에서 그렇게 아등바등했단 말야? 거창하게 목매달던 일도 별
것 아닌 듯 보이고, 저 아래에서는 가질 수 없던 너그러움도 생기는 것
같다. 하늘로 올라가 별이 된 헤라클레스처럼, 비행은 그 자체로 인간이
신의 관점으로 세상을 볼 수 있는 신비로운 체험 아닐까? 그런 의미에
서 비행기로 시작하는 여행은 각별할 수밖에.

도착 일곱 시간 전

"언제 떠나도 괴로운 건 똑같아. 어차피 떠날 거 마음 편히 다녀와."

　고민이 뒤죽박죽 엉켜 머릿속에서 잡념들의 이종격투기가 벌어지
고 있을 때, 회사 동기가 위로랍시고 말을 건넸다.

　"그걸 누가 몰라?"

　얄밉지만 그의 말이 맞다. 직장에서 온종일 일 생각만 할 수 없듯,

퇴근 후에도 일로부터 완전히 해방될 수는 없다. 두고 온 일, 깜빡한 일, 잘한 일, 못한 일, 미처 끝내지 못한 일. 이것들은 퇴근하는 내게 집요하게 따라붙어 기어코 정신 한구석을 차지하고 만다. 휴가라고 뭐 다를까. 몸은 서울을 떠났지만 마음의 어느 한 자락은 여전히 회사 일 한 귀퉁이를 붙들고 있다. 이코노미 클래스 3인석의 한가운데에 끼어 앉아 있는 기분이었다.

이런 부담스러운 마음으로 과연 여행을 즐겁게 할 수 있을까? 또 하나의 걱정이 옆자리에 앉아 함께 비행을 시작한다. 남들은 '알트+탭 Alt+Tab' 키를 눌러 컴퓨터 화면 전환하듯 일상에서 일터로, 또 일터에서 놀이로 잘도 전환하던데. 나에게는 이러한 전환이 왜 그리 어려울까.

"그래서 네가 공부를 못하는 거야."

나를 능멸하던 학창 시절 짝꿍의 말이 떠오른다. 반례를 만들기 위해서라도 나는 잘 놀아야 한다. 내일이 없는 사람처럼. 가루가 되어 몸이 부서질 때까지! 그리고 그 밉상들 앞에서 입을 벌리고 웃어젖히리라. 부르르 떨리는 기체가 물기 머금은 구름을 통과하고 나면 이제 완연한 하늘길. 출발지도 목적지도 아닌, 우리나라도 니네 나라도 아닌 제3의 공간. 이도 저도 아닌 중간적 공간에 시속 900킬로미터로 빨려 들어가는 기분이 나쁘지 않다.

"으하하! 국적기라 그런지 진짜 좋다!"

거칠게 생긴 택형이 거칠게 웃는다. 나와 함께 선발대로 이륙한 택형. 한 손에는 사발면을, 다른 손에는 버드와이저를 들고 있는 게 꼭 보물섬을 발견한 바이킹 같다. 뷔페는 사람을 무모하게 만든다. 이 공중을 나는 뷔페는 더. 자주 올 일 없는 나에게도 도전 의식을 불러일으킨다. 버드와이저 추가에, 레드와인, 화이트와인, 각종 위스키에 잭콕까지 말아 마시며 우리들만의 자축 세러모니를 치러본다. 누구의 권리도 책임도 없을 것 같은 이 중간 지대에 깊숙이 빨려 들어갈수록 저 아래 두고 온 문제는 하나씩 흐려지는 것 같기도 하다. 혈중 알코올 농도가 짙어질수록 그러는 것 같기도 하다.

도착을 알리는 '호두까기 인형'

"승객 여러분, 이 비행기는 약 10분 후에 모스크바 셰레메티예보 국제공항에 도착하겠습니다. 좌석벨트 착용 상태를 다시 한 번 확인해주시고, 등받이와 테이블을 제자리로 해주시기 바랍니다."

이륙이 신이 되는 신비로운 체험이라면, 착륙은 인간 세상에 매혹되어 그 속으로 빨려 들어가는 경이로운 체험이 아닐까? 새로운 대륙. 새로운 산. 새로운 바다. 그리고 새로운 도시. 콩알만 한 것이 손바닥만 해지더니. 이제는 눈앞에 커다란 건물로 보이기 시작하다, 급기야 땅바닥에 닿을 때의 긴장과 이완의 카타르시스란. 게다가 착륙을 알리는 방송의 BGM이 차이콥스키의 '호두까기 인형'이라면. 기내 전화로 한마디하고 싶다. 아, 거 기장 양반, 볼륨 좀 높입시다.

"현재 시각 저녁 8시 5분, 모스크바에 오신 걸 환영합니다. 기온은 섭씨 25도, 습도는 20퍼센트, 날씨는 청명합니다."

300명의 익명성과 함께 공유한 아홉 시간. 긴 비행 뒤에 볼 수 있는,

약간은 상기된 얼굴. 누군가는 드디어 아늑한 고향에, 누군가는 일터에, 또 나와 같은 누군가는 여행을 위해 첫발을 내딛는 순간이다. 처음은 언제나 그렇듯, 기대와 설렘으로 가슴이 방망이질 친다. 공항의 커다란 유리창을 통해 들어오는 햇살은 그야말로 화창 그 자체. 러시아를 여행 간다고 하니, 의외로 거긴 춥지 않냐고 묻는 사람이 많다. "여름인데?" 내가 되묻자, "아프리카는 겨울도 덥잖아?"라며 반문한다. 아. 다행히 러시아의 여름은 춥지 않다. 게다가 여름의 모스크바는 백야가 한창이라 저녁 9시까지는 낮이나 다름없다.

"야, 너 모스크바 공항 진짜 별로인 거 알아?"

러시아 여행을 준비하던 무렵, 러시아에 출장을 다녀온 친구가 초를 치며 말했다. 그의 말에 따르면 모스크바 공항은 불친절, 느린 일 처리, 수화물 분실의 삼박자를 두루 갖춘 썩어빠진 곳이라고 했다. 뭐, 그 정도는 감수할 수 있다.

"게다가 예전 러시아 항공기에서는 기내에서도 담배를 피웠대."

아, 설마.

"진짜 최악은 마피아와 스킨헤드지. 그런 애들은 너 같은 사람 하나 죽이는 건 일도 아닐걸? 퇴근길에 포장마차에서 오뎅 사 먹는 기분으로 죽일지도 몰라."

친구의 상상 속에서 난 이미 배고픈 마피아의 오뎅이 되어 있었다. 쳇, 과장인 거 다 안다. 처음부터 마음의 문을 닫아버리면 새로운 것을 볼 수 없다. 모든 어려움을 감수하고, 부딪히고 넘어지며 낯선 것을 경험하는 게 여행 아닌가.

"기다리세요!"

공항 직원이 우리를 제지하며 까칠하게 말한다. 하지만 당황하지 말자. 이런 첫인상에 당황하는 건 여행 초짜들이나 하는 짓이니까. 떠나기전 들여다본 외교부 홈페이지에도 "러시아 사람들은 공산주의의 영향으로 대체로 표정이 밝지 않고 감정 표현을 잘 하지 않는다"고 쓰여 있었다. 그러니 분명 표정만 저렇게 사나울 뿐, 사실은 택형처럼 엄청 속정 깊고 살가운 사람일 게다. 그래, 얼마나 나를 편하고 친근하게 생각하면 군대 후임 다루듯이 하겠나.

그렇게 예쁜 상상만 하려고 노력하는 사이에도 시간은 참 더디 흐른다. 출국 수속을 기다리는 줄은 언제쯤 줄어들까? 점점 친구의 말이 하나씩 들어맞고 있다는 불길한 예감이 든다. 이러다 공항을 나서면 마피아가 함박웃음을 짓고 있지는 않겠지?

"엇! 저기 이노다!"

다행히 출국장 밖에는 마피아도, 스킨헤드도 아닌 이노가 우리를 기다리고 서 있었다. 모스크바에서 처음 며칠간 우리에게 숙소와 조식과 자동차를 제공해줄 이노, 우리가 벗겨 먹고 빨아 먹고 빼앗아 먹게 될 이노느님! 이노는 무슨 턱수염을 그렇게 길렀는지 꼭 체 게바라 같았다. 하지만 간지 난다고 오프닝 아부를 했던 것 같다. 찐득한 포옹도 좀 했던 것 같고. 아무튼 허그의 주인공 이노로 말할 것 같으면, 잘나가는 대기업에서 치열한 경쟁을 뚫고 러시아에 파견된 인재 중의 인재다. 나같은 평범한 친구들이 보기엔 부러움에 치를 떨 만한, 한마디로 좀 짱인 듯한 녀석이다.

곧 우리는 이노의 드림카를 타고 모스크바 시내를 달렸다. 도로 옆 길가엔 그 유명한 '자작나무 숲'이 이어졌다. 도스토옙스키와 톨스토이의 소설에, 그리고 〈닥터 지바고〉 등의 영화에 수없이 등장하며 아름다운 배경이 되었던 진짜 시베리아산 자작나무 숲. 나무가 빽빽이 들어선 숲 속은 어둑어둑했지만, 자작나무는 몸통도 가지도 모두 하얀 탓에 어둑한 숲 속에서도 반짝이는 것처럼 보인다. 그래서일까? 가만히 들여다보고 있자니, 이들은 아직도 더 많은 이야기를 품고 있을 것 같다. 러시아를 여행하며, 이들이 품고 있는 이야기 하나쯤 나도 들어볼 수 있을까? 멍하게 나무들을 바라보다 창문을 내리니, 짙은 나무 향이 차 속으로 훅 끼쳐들었다. 내 생각을 엿보기라도 했을까. 겸연쩍어 창문을 올리며 히죽거려본다.

모스크바
입성

●

by 준스키

회색빛 도시는 어디에?

'백수가 과로사한다'는 말이 있다. 나와 설뱀이 바로 그런 바쁘신 백수 저리 가라 하는 공사다망한 학생들. 출국 여부가 불확실했던 탓에 느지 막이 비행기 표를 구하는 바람에, 우리는 택형과 수스키와는 다른 비행 기를 타게 되었다. 시험과 과제의 터널을 지나 기다리고 기다리던 모스 크바로 떠나는 날, 공항 출국 게이트에서 우리는 알 수 없는 흥분에 겨 워 춤추듯 걸었다.

비행시간만 경유 편까지 도합 열두 시간, 모스크바로 가는 비행기 에서 옆자리에 앉은 인도인은 면세점에서 사 온 위스키를 시원하게 뜯 고는 얼음이 담긴 컵에 졸졸 따랐다. 점잖게 오렌지주스를 홀짝이던 내 게 그는 '그 잔 어서 비우고 이 술을 받아' 하는 눈짓을 보내며 미소를 지었다. 알고 보니 그는 중국에 출장을 왔다가 돌아가는 모스크비치◆.

인도 델리 근처의 작은 마을이 고향이라고 했다. 인도를 여행했던 때가 떠올라 반가운 마음에 인도 여행 이야기를 꺼냈지만, 그는 고향과는 인연이 별로 없는 듯 시큰둥한 반응이었다. 어쨌든 그에게 시원한 위스키를 얻어 마신 덕분일까, 긴 비행 동안 나는 미동도 하지 않고 푹 잠들 수 있었다.

집을 나선 지 한나절이 지나자, 비행기가 고도를 낮추기 시작했다. 드디어 저 아래로 꿈에 그리던 모스크바 땅이 가까이 보였다. 퇴근 시간인지 도로에 줄지어 늘어선 차들이 백야의 밝은 하늘에도 불구하고 모두 헤드라이트를 켜고 다니는 것이 눈에 들어왔다. 마침내 모스크바! 셰레메티예보 국제공항에는 이노가 마중까지 나와주었다.

"라면은?"

"그럼, 챙겨 왔지!"

우리가 너무 보고 싶다고 했던 멋진 내 친구. 라면이 더 반가워 보이는 건 기분 탓이겠지. 그가 부탁했던 라면 한 박스를 건네며 우리는 사내들의 포옹을 나누었다. 그리고 먼저 도착해 있던 택형과 수스키가 쇼핑 중이라는 곳으로 향했다. 모스크바 시내 외곽에 위치한 종합쇼핑센터는 이케아IKEA와 메가MEGA 매장 등으로 구성되어 있는데, 현재 이곳이 모스크바 소비 트렌드의 중심 역할을 하고 있다고 한다. 우리나라에

◆ 러시아에서는 모스크바 사람을 가리켜 남자일 경우에는 '모스크비치', 여자일 경우에는 '모스크비치카'라고 부른다. 마찬가지로 상트페테르부르크 사람도 남자는 '페테르부르제츠', 여자는 '페테르부르젠카'라고 부른다.

회색빛도 아니고, 곰도 살지 않는다. 아름다운 과거의 유산과 거대 자본, 세련미가 넘치는 현대적 감성이 매력적으로 공존하는 도시, 모스크바.

서도 흔히 볼 수 있는 복합 쇼핑·문화 공간. 러시아의 심장 모스크바에서도 발전이란 같은 모습을 향해 가는 것인가 보다.

　공항에서 시내로 갈 때, 택시를 타면 바가지를 많이 씌운다고 한다. 러시아어를 곧잘 하는 이노도 모스크바 생활 초기에는 호구라고 불렸다고 하니, 누구라도 바가지를 피하기는 쉽지 않은 모양이다. 특히 택시 요금은 여행객을 상대로 한 여러 바가지 사례 중에서도 가장 흔한 것이라, 이노의 차가 없었다면 우리도 공항에서 기차를 타고 시내로 들어왔을 것이다. 기차와 연결된 모스크바 지하철은 노선이 구석구석 잘 배치되어 있어 이용하기 좋다고 한다. 백야의 도시로 조금씩 들어갈수록, 처음 품었던 회색빛 도시라는 상상보다 훨씬 세련된 도시 풍경이 펼쳐지기 시작했다.

"차가 쭉쭉 나가는 느낌이 드는데, 러시아 자동차는 좀 다른가?"

"우리나라처럼 차에 속도 제한이 안 걸려 있어서 밟으면 쭉 나가. 한번 밟아볼까?"

'부웅' 하는 소리와 함께 전에 느껴보지 못한 속도감에 손잡이를 잡은 손에 저절로 힘이 들어갔다. 끼어들기를 일삼으며 험하게 운전하는 차들을 보니 서울에서 운전할 때는 혹여나 건드릴까 봐 근처에도 가지 않는 명품 외제차들. 그런 고급 세단을 향해 대화하듯 마구 경적을 울려대는 멋진 내 친구. 이것이 러시아에서 살아가는 방법일까. 하지만 떨리지 않을 수 없었다. 저들이 금세라도 홧김에 트렁크를 열고 몽둥이나 사냥총을 꺼낼 것 같은 상상 때문에. 우리는 흥정을 한다거나 힘으로 이겨볼 생각 따위 없다. 우릴 두렵게 하는 것들과 마주치지 않기만 바랄 뿐.

스킨헤드는 어디에?

기골장대한 러시아인들에 대한 막연한 두려움을 증폭시키면서, 러시아 여행을 망설이게 만드는 그 이름 스킨헤드, 우리말로 빡빡머리들. 불과 몇 년 전까지도 동양인을 비롯한 유색인종만 골라서 이유없이 폭행을 했다는 그들의 망령이 아직 완전히 사라지지는 않았다고 한다. 징글징글한 이런 사회 병리 현상이 언제 다 치유될지는 장담하기 어렵다는 말도 있다. 학자들은 스킨헤드의 탄생 배경을 공산주의의 몰락에서 찾는다. 1991년 소련이 해체되고 경제와 교육 체계가 붕괴되면서 '버림받은 세대'가 바로 그들이며, 이들이 아시아의 경제성장을 질투하고 외국인들이 자신들의 일자리를 빼앗았다고 여겨 그에 대한 분노를 표출한다는 것이다. 집단의 광기는 때로 합리성과 이성을 잃어버린다. 우리가 뭘 잘못했냐고 항변한다고 달라질 일이 아닌 거다. 그저 피하는 것이 상책.

쇼핑몰로 향하던 차 안에서 이노가 뜬금없이 물었다.

"히틀러 생일이 언젠지 아나?"

"그걸 어떻게 아나. 페북 친구도 아니고."

"금마들이 히틀러 숭배자들 아이가. 그때쯤엔 조심해라 카더라."

스킨헤드는 순혈주의를 고집했던 히틀러의 생일(4월 20일)을 전후해 더욱 기승을 부린다고 한다. 이 무렵 유색인종이 밤늦게 외출하는 것은 짐승들을 보기 위해 맨몸으로 사파리에 들어서는 것과 같을지 모른다. 지금이 7월이라는 사실이 얼마나 다행스러운지.

"그래도 몇 년 전부터 푸틴 성님이 스킨헤드들을 엄청 때리잡았다더라. 내도 빡빡머리에 문신하고 찰랑거리는 거 차고 다니는 아들 거의 본 적도 없다 아이가."

그래 우리, 괜찮겠지?

부서지는
선입견

●

by 수스키

이곳이 '보드카의 나라'라고?

모스크바 땅을 디딘 우리 눈에선 하트가 뿅뿅 나온다. 기대와 설렘이 현실과 딱 하고 맞닥뜨렸을 때 나올 수 있는 여행자의 표정이다.

"잊지 말고, 술 사려면 10시 전에 사야 한데이!"

그런 기대에 부응이라도 하듯 이노는 우리에게 미션을 주고 떠나버린다. 함께 여행할 준스키와 설뱀을 데리러 가기 위해서였다. 덩그러니 둘만 남겨져 주위를 둘러보니 온통 러시아인뿐. 러시아니까 당연하다. 그런데 다른 유럽의 수도에서 흔히 볼 수 있는 외국인이 없다. 동양인도 하나도 없다. 우리 둘만이 우주에서 유일한 외국인이 된 기분이랄까. 어쩐지 어색하고 쑥스럽다.

"진짜 한 글자도 못 알아보겠다."

세계 3대 난어에 속한다는 러시아어. 그걸 글자로 풀어놓은 간판들이 동시다발적으로 우리를 노려본다. 익숙한 간판이 벽지와 같은 무의식의 영역이라면, 단 한 글자도 모르는 간판들의 행렬은 소음의 영역에 가깝다. 그런 키릴 문자의 소음 속을 걷고 있다.

"참, 지금 몇 시야?"

"9시 40분!"

시간이 없다. 우리는 서둘러 마트를 향해 종종걸음을 쳤다. 러시아는 '보드카의 나라'라는 명성에 걸맞지 않게 늦은 밤 마트에선 술을 팔지 않는다. 다급한 사람이 언제든 술을 살 수 있는 편의점의 나라, 대한민국에 비하면 참으로 엄격하다. 이쯤 되면 술고래의 옥좌는 이제 그만 우리에게 넘겨야 하는 것 아닌가.

"저쪽인 것 같은데?"

택형이 먼저 주류 진열대를 발견했다.

"그런데 저게 뭐지?"

폴리스라인처럼 노란 테이프로 진열대를 한 바퀴 둘러놓았다. 설마 벌써 판매 금지 시간이 된 걸까? 아직 10시가 되려면 몇 분이 남았는데. 슬슬 불안해진 우리는 얼른 맥주 몇 병을 골라 들고 계산대 앞에 줄을 섰다. 시계를 들여다보니 10시가 임박한 상황. 마음은 조급한데 계산대의 줄은 좀처럼 줄어들 생각을 하지 않는다. 이러다 정말 우리 술 못 사게 되는 거 아냐?

마침내 우리 차례. 그 순간 시계는 거짓말처럼 10시를 가리켰다. 우리는 애써 태연한 척하며 술병을 계산대에 올려놓았지만, 점원은 쏘아보며 술병을 치워버린다. 그랬다. 느려터진 점원의 계산 시간과 줄이 줄

어드는 속도까지 주도 면밀하게 계산을 했어야 했다. 그래야 차디찬 기포가 퐁퐁 터지는 맥주로 오늘을 흡족히 마무리할 수 있는 거였다.

"그래서 결국 못 산 거야?"

준스키와 설뱀, 그리고 이노까지 드디어 모두 모였다는 기쁨도 잠시. 택형과 나는 곧 대역죄인이 되었다. 여행에서 빠질 수 없는 재미가 바로 밤에 숙소에서 마시는 시원한 맥주인데, 우리가 술을 공수해 오는 미션에서 실패하고 만 것이다.

그래도 여행 멤버가 다 모이자 우리는 마치 이산가족이라도 상봉한 양 쉼 없이 수다를 이어갔다.

"설뱀, 준스키! 비행은 어땠어? 괜찮았어?"

"아니 진짜, 내가 토마토주스를 먹던 컵이 있었는데, 물을 달라고 했더니 그냥 그 컵에 따라주려고 하는 거야."

설뱀이 흥분해서 에피소드를 풀어낸다.

"하하하! 그건 형이 영어를 잘 못해서 그런 거 아냐? 물 한 잔 추가로 알아들었을 수도 있지."

"아냐. 내가 '노노노!' 이러면서 정색하니까 새 컵에 주더라고."

낄낄거리는 소리가 커질수록 낯선 모스크바 땅에서 우리의 지분이 조금 넓어진 기분이었다. 역시 하나보단 둘, 둘보단 넷이 좋다. 그렇게 조금만 더 지분을 넓혀볼까.

"으하하하!"

흥분과 설렘으로 한참을 떠들어대던 우리는 모스크바의 야경을 보기 위해 숙소를 나섰다. 이노의 차를 타고 '진짜 모스크바'를 향해. 번화한 시내로 깊숙이 깊숙이 들어갔다.

　차창을 통해 보는 모스크바의 밤. 거리에 늘어선 묵직하고 낮은 석조건물들, 그 건물 하나하나에 새겨진 정성스런 문양 조각들이 나트륨등燈의 불빛에 온통 주황빛으로 물들어 있었다. 선명히 빛나는 서울의 밤이 온 세상을 촘촘히 다 비추는 서사성 짙은 소설이라면, 모스크바의 밤은 시詩적이다. 나트륨등이 켜져 있는 부근에만 드문드문 빛나는 풍경 속에서 과감한 생략과 운율이 있다. 도심임에도 건물이 높지 않고, 불빛도 밝지 않아 깊숙이 들어갈수록 나른한 기분이다.

크리스마스트리처럼 반짝이는 도시 모스크바.
시커먼 서른 줄 남자 넷은 야경에 취해 그만
오늘도 십자인대 빠질 때까지 걷고 말았다.

그러나 무엇보다 이 주황빛 도시의 매력을 더욱 돋보이게 하는 것은 예쁜 소녀들이었다. 〈보그〉나 〈싱글즈〉 같은 잡지에서 막 걸어 나온 듯한 소녀들의 외모와 패션 감각은 모스크바의 분위기를 압도하기에 충분했지만, 사실 이들보다 더 충격적인 것이 있었다. 그것은 바로 남자들. 여신 같은 그녀들 옆에선 남자들은 하나같이 패션 센스가 없다. 뭐 대충 건빵바지에 다 늘어난 티 같은 걸 걸치고 나왔는데, 심지어 외모도 별로다. 그런 남자가 〈보그〉 모델과 얽혀 있는 모습이란.

"어어! 저기 또, 또!"

키스 서바이벌 프로그램이라도 출연했는지 여기저기 하트가 날아다닌다. 여긴 뭔가 전생에 지구를 구한 사람들의 모임이 있는 게 틀림없다. 러시아의 딱딱하고 무표정한 이미지 때문에, 그리고 공산주의의 이미지 때문에 애정 표현에 보수적일 거라고 생각했는데 우리의 판단이 틀렸다. 무표정한 얼굴로 정말 적극적이다.

"휴."

우리는 잠시 말없이 낮은 탄성만 주고받다가 곧 마음을 고쳐먹기로 한다. 거꾸로 생각해보면, 이곳은 누구라도 수많은 보그 모델들을 만날 수 있는 기회의 땅. 러시안 드림이 실현되는 곳이 될 수도 있을 테니 말이다.

시원한 강바람을 맞으며 걷다가 파트리아르시이 다리Патриарший мост에 걸터앉아 본다. 우리는 얼마나 많은 오해와 편견들을 안고 살아갈까. 현실과는 거리가 있을지도 모르는, 어디서부터 시작되었는지도 모르는 막연한 이미지들 속에서 현실에는 있지도 않은 나만의 세상을 재단

걷기만 해도 사랑이 퐁퐁 샘솟을 것 같은
'파트리아르시이 다리'와
'구세주 성당'.

요즘 모스크바 젊은이들 사이
에서 뜨는 장소 중 하나라는 카
페 '스트렐카 Strelka'. 탁 트인
테라스 앞으로 유유히 흐르는
모스크바 강과 파트리아르시이
다리를 바라볼 수 있다.

하며 말이다. 술에 한없이 관대할 것 같지만 술을 살 수 있는 시간이 엄격하게 정해져 있고, 무뚝뚝하고 차가울 것 같은 사람들이 거리에서 또 대중교통 안에서 거침없이 애정 표현을 하는 러시아. 이곳에서 앞으로 얼마나 많은 색안경들이 벗겨질까. 진실을 향해 깊숙이 들어가는 기분. 세상이 모르는 나만 아는 비밀을 하나씩 알게 되는 우쭐함이랄까. 여행이 주는 또 하나의 선물과 함께 러시아에서의 첫날 밤이 지나고 있었다.

팜므파탈의 도시,
모스크바

그런즉 잘 기억해두길 바라오.
가장 적당한 시기란 오로지 '지금 이 순간'뿐이라는 것을.
그것은 지금이라는 시간만이 우리 인간들을 통제할 수 있기 때문이오.

— 톨스토이, 《사람은 무엇으로 사는가》

붉은 광장은
왜 붉지 않을까?

●

by 수스키

낯선 도시에서 눈을 뜨다

모스크바의 아침, 햇살도 이국적인 것이 공기마저 새롭다. 오늘은 어디
에 갈까? 누워서 아직 눈도 뜨지 않은 채 생각해본다. 눈뜨면 해야 할
일에 집중해야 하는 일상. 그리고 눈뜨면 하고 싶은 일들을 계획하는
여행. 여행지에서의 아침과 일상의 아침이 철저하게 구별되는 시점이
랄까. 두근거림으로 바라보는 온 세상은 더없이 반짝인다. 집 앞 산책길
도, 평범한 아파트도 이국적인 분위기 속에 마냥 들뜨게 만드는 여기는
모스크바. 아아, 난 정말 멀리까지 날아왔구나. 아침 출근길은 여느 대
도시와 다름없이 바삐 움직이는 사람들이 채워간다. 유럽에서 인구가
가장 많은 도시, 세계에서 네 번째로 큰 이 도시가 꿈틀꿈틀 그렇게 아
침을 시작하고 있었다.

　오늘 찾아갈 곳은 러시아의 자랑, 붉은 광장Красная площадь(크라스나야

플로샤디)이다. 크렘린 궁전Московский Кремль(모스콥스키 크레믈)과 성 바실리 대성당Храм Василия Блаженного(흐람 바실리야 블라젠노고)이 있는 모스크바의 얼굴 마담. '무한도전'에도 소개돼 러시아에 대해 잘 모르는 사람도 알고 있을 정도의 중요 스팟이다.

처음 '붉은 광장'이라는 이름을 들었을 때는 참 러시아스럽다고 생각했다. 뭔가 혁명의 전사들이 매일 아침 이념으로 샤워하고, '원쑤'들을 무찌를 것 같은 이름이니까. 아직도 러시아라고 하면 과거 소련의 이미지가 연상되곤 했으니 말이다. 그런데 사실은 그게 아니다. 현대 러시아어의 '붉은Красная(끄라스나야)'이라는 말은, 고대 슬라브어로 '아름다운'이라는 뜻이었다. 그러니 작명자의 의도를 생각해보면, 붉은 광장이 아니라 아름다운 광장이 맞는 번역인 게다. '붉다'는 말이 어떻게 '아름답다'는 말과 뿌리를 같이하고 있는지에 대해서는 여러 설이 있지만, 겨울이 길고 추운 러시아인들에게 불과 붉은색이 각별했음은 충분히 짐작이 간다. 오늘날에도 러시아에서 붉은색은 선호도가 높아서, 한때 붉은색 휴대폰이 히트 상품이 된 적도 있다고 하니 말이다.

"아니, 아무리 그래도 그렇지. 위아래 빨간색 깔맞춤은 좀 심하지 않아?"

그래, 심했다. 위아래 상하의 올빨강. 우리 중 한 명이 저지른 패션 테러다. 인도주의적 관점에서 그가 누구라고 밝힐 순 없지만, 꼭 고추장에 빠진 이소룡 같다.

"내가 뭐? 예쁘기만 하구만."

"설뱀 진짜!"

패션 센스만 없는 게 아니라 뻔뻔스럽기까지 하다니. 붉은 광장을 붉게 물들인 그와 함께 걸으면, 사람들이 자꾸 눈으로 몸을 더듬는 것 같아 기분이 언짢아진다. 그래도 여행을 왔으니, 마음을 다스리며 광장을 걸어본다.

"광장이 얼마나 아름답길래 이름 앞에 '아름다운'이라는 말을 붙이지? 난 잘 모르겠는데."

준스키가 여기저기 셔터를 누르며 말한다.

그의 말이 맞다. 아름다운 광장이라니, 대체 이 자신감은 어디서부터 나오는 걸까. 위아래 레드로 깔맞춤 하는 자신감도 누를 당당함이다. 문득 우리나라 지명에도 '아름다운'이라는 형용사를 붙일 만한 곳이 어디쯤 있을까 생각해본다. 아름다운 왕십리, 아름다운 강남역, 아름다운 구리시? 어쩐지 손발이 오그라든다. 아무렴 어떤가. 거침없는 작명이야말로 대국의 자존심일지도 모른다. 그래서 난 직접 마주해보기로 했다. '아름다운'이라는 형용사가 붙은 이 낯선 땅을. 무표정한 사람들의 불친절한 회색 도시. 내가 러시아를 떠날 때쯤이면, 이 낯선 땅의 매력을 조금이나마 알게 될 수 있지 않을까. 아름다움이라는 말의 무게를 믿어보기로 한다.

테트리스 사원의 비밀

"저기 좀 봐. 테트리스다."

우리 중 최고령자이자 최고로 왕성한 호기심을 자랑하는 설뱀이 소리친다. 오, '테트리스Tetris' 배경 화면으로 짱짱 유명한 성 바실리 대성당. 왕년에 오락실에서 테트리스로 벽돌 좀 쌓았던 사람이라면 누구나 알 만한 친숙한 실루엣. 동글동글 양파 모양에 삐쭉 솟아오른 기둥을 오락실 모니터로 보며 생각했다. 당연히 이슬람 쪽 건물이겠지. 그런데 사실은 그게 아니었다. 그건 러시아 건축물이었다.

성 바실리 대성당의 여덟 개의 지붕은 색깔과 문양이 각기 다른데, 빨강, 노랑, 파랑, 초록 등등 화려한 색감이 지금 봐도 파격적으로 느껴질 만큼 화려하다. 그러니 당시에는 얼마나 신선하게 다가왔을까. 이 같은 건축 양식은 세계에서도 유례를 찾아보기 힘들 만큼 독특하다고 한다. 파격 속에서도 아름다움을 잃지 않는 균형 감각이 놀랍기만 하다. 세상에서 가장 어려운 일 중의 하나가 바로 '새로운 시도'가 아닐까 싶다. 기존의 낡은 관념에서 벗어나 한 발짝 더 나갈 수 있는 용기, 그러면서도 적절히 대중성과 예술성을 조화시키는 균형감을 모두 갖기란 결코 쉽지 않을 테니 말이다. 그들이 수백 년이 지난 지금까지도 예술가로 칭송받는 이유가 바로 거기에 있는지도 모르겠다. 450여 년의 세월을 지나 눈앞에 둥글둥글 뾰족뾰족 서 있는 성 바실리 대성당이 더욱 특별해 보이는 이유다.

"그런데 느그들 이 성당에 얽힌 일화 아노?"

붉은 광장에 존재하는 유일한 경상도 사나이 이노가 걸쭉한 사투리로 입을 열었다. 사실 이 건물은 200여 년 동안 몽골의 지배를 받던 러시아가 몽골과 싸워 승리를 거둔 것을 기념해 지어졌다고 한다. 35년간 식민지 생활을 한 우리가 일본에 대해 두고두고 분해 하는 것을 보면,

무려 200년의 식민 지배를 참고 견뎠던 러시아의 통쾌함이 짐작이 가고도 남는다. 그러니 더 높고, 더 아름답게 지어서 온 세상에 러시아의 존재감을 알리고 싶었을 게다.

그런데 그런 바람과는 무관하게 당시 러시아에서는 서유럽의 발달된 문화를 동경하는 분위기가 싹트고 있었다. 프랑스 말을 사용하는 게, 이른바 '있어 보이는' 시대였고, 프랑스 음식을 갖추어 먹을 줄 아는 게 그 사람의 교양 수준을 말해줄 정도였다. 톨스토이의 《안나 카레니나》에서 러시아 귀족들이 프랑스어로 이야기하고, 푸시킨의 글에서 프랑스 음식이 등장하는 이유도 같은 맥락에서 설명될 수 있다.

"그때나 지금이나 있는 놈들이 외제 좋아하는 건 똑같네."

폴로 티셔츠를 입은 설밤이 말은 잘한다. 선진국의 문화가 유입되고 그들을 동경하는 분위기가 싹트는 모습을 보며, 당시의 러시아 지도자들은 어떤 생각을 했을까? 멋진 도약을 한 번쯤은 꿈꾸지 않았을까. 저 성 바실리 대성당은 그 모든 상황을 반전시키고픈 당대의 열망이 고스란히 반영된 결과물이었다. 그리고 그 열망은 결국 헛되지 않았다. 훗날 성 바실리 대성당의 독특한 건축양식이 정교회 사원의 표준처럼 자리 잡아 전 유럽으로 퍼져나갔으니 말이다. 당시만 해도 유럽의 변방에 불과하던 러시아의 입장에서 보면, 그야말로 짜릿한 반전 드라마였던 셈이다.

그 반전 속에는 사실 러시아의 목조 기술이 숨어 있다. 당시 건축 자재로 흔히 돌을 사용했던 서유럽과는 달리, 러시아는 전통적으로 목조 건물을 고집해왔다. 16세기 러시아의 목조 기술은 상당한 수준을 자랑

왼편의 성 바실리 대성당과 오른편의 스파스카야 탑,
붉은 광장의 한편에는 피라미드 형태로 세워진 레닌의 묘가 있다.
러시아어로 '붉은(크라스나야)'이라는 말은 원래 '아름답다'라는 뜻이다.
그러니 붉은 광장은 '아름다운 광장'이라는 뜻도 된다.

했는데, 못 하나 사용하지 않고 건물을 완성시킬 정도였다고 한다. 그렇게 발달한 목조 기술이 바탕이 되어 돌로는 만들기 어려운 건축양식이 탄생했으니, 그게 바로 양파 모양의 지붕이다. 양파처럼 동그랗게 깎아 올린 것으로도 모자라 각각의 지붕마다 러시아 전통 문양을 각기 달리 세공하여 조각해 넣은 것을 보면, 예쁘면서도 재기 발랄해 보이기까지 한다.

"근데 있다 아이가. 저 건물이 완공되고 나서, 건축가 눈깔을 고마 뽑아버렸다 카대."

충격이다. 건축가를 당장 인간문화재로 지정해 업고 다니면서 아침저녁으로 뽀뽀를 해줘도 시원찮을 판에 왜 그런 짓을 했을까. 성 바실리 대성당은 독특한 외관 덕분에 유명세를 탔고, 건축가 역시 이름을 날렸다고 한다. 하지만 당시 차르цар 제정 러시아 때 황제를 부르던 말)였던 이반 4세는 세상에서 그토록 아름다운 건물은 오직 성 바실리 대성당 하나여야 한다며, 건축가가 더 이상의 건물을 짓지 못하도록 눈을 멀게 했다는 것이다.

"뭐, 사실로 확인된 얘기는 아니고, 그런 '썰'이 있다 카더라."

"아니, 그래도 그렇지. 〈선학동 나그네〉도 아니고, 어떻게 그럴 수가 있지?"

혼자 꿍얼꿍얼 분을 삭이지 못하고 꽈배기 모양의 지붕을 뚫어지게 보며 생각했다. 이반 4세는 왕권 강화를 위해 극도의 공포 정치를 폈고, 말년에는 자신에게 반항하는 아들을 때려 죽이기까지 했다고 전해진다. 심지어 이반 4세라는 정식 명칭 대신 '이반 그로즈니Иван Грозный (잔혹

한 이반)'라고 불릴 정도였다니, 그 정도의 폭군이라면 건축가의 눈을 뽑아버렸다는 설도 그럴듯하게 느껴진다. 하지만 한편으로는 국제 정치의 소용돌이 속에서 러시아의 입지에 얼마나 불안감을 느꼈으면 그런 만행을 저질렀을까 싶기도 하다. 건축가 하나를 죽여서 건축사 자체를 뒤바꿀 수 있다는 발상은 지금 생각해보면 유치하기 짝이 없지만, 불안은 사람의 판단을 흐려놓기 마련이니 말이다. 이 이야기가 사실이 아니라 해도, 어쩌면 이반 4세의 폭정으로 인한 민중들의 불안이 이러한 '설'을 만들어낸 것인지도 모르겠다.

이반 4세의 무시무시한 열망에도 불구하고, 훗날 상트페테르부르크에는 성 바실리 대성당과 닮은, 아니 어쩌면 더 아름다운 '피의 사원'이 지어졌으니 역사의 아이러니다. 한 사람의 욕심으로 역사의 흐름을 막을 수는 없다는 단순한 진리를 알기까지 이반 4세에게는 얼마만큼의 시간이 필요했을까. 다시 한 번 역사 앞에 겸손해질 수밖에 없다.

광장의 진짜 아름다움

"저기 꼭 들어가 보고 싶은데."

준스키가 방부 처리된 레닌이 보고 싶다고 한다. 붉은 광장의 중앙, 크렘린 궁전 앞에는 레닌의 묘가 있다.

"아니, 레닌이 살아 있을 때의 모습 그대로 있단 말야?"

준스키는 당장 달려가 보고 싶다는 듯 격하게 고개를 끄덕였다. 준스키의 말에 따르면 그의 시신은 막 잠이 든 것처럼 보이기도 한다는

데, 난 어쩐지 좀 끔찍하다는 생각이 들었다. 현재의 러시아를 있게 한 정신적 지주이자 역사적인 지도자. 그를 그냥 보내기는 싫어서일까. 러시아는 그를 '방부'라는 방식으로 기념하고 있었다. 바로 러시아의 중심이라고 하는 붉은 광장에서 말이다. 그가 만약 어느 날 번쩍 눈을 떠 오늘의 붉은 광장을 본다면 어떤 생각을 할까? 샤넬 백을 메고 코카콜라를 마시며 붉은 광장을 걸어다니는 사람들, 한때 피 튀기는 전쟁을 치렀던 독일의 BMW와 벤츠가 도로를 질주하고, 시내 곳곳에서 맥도날드가 성업 중인 모습을 본다면? 분명 이 모습들은 레닌이 꿈꿔왔던 혁명 이후의 모습과는 다소 거리가 있을지 모른다. 하지만 지금의 러시아는 나름대로 자신의 독특한 색깔을 만들어내고 있었다. 이 아름다운 광장처럼 말이다.

아쉽게도 우리가 갔을 때는 레닌의 무덤을 개방하고 있지 않았다. 찰칵찰칵. 아쉬움을 달래기 위해 레닌이 누워 있다는 묘와 광장의 모습이나마 카메라에 담아본다.

붉은 광장에서 역사박물관 쪽으로 빠져나오면, 톨스토이, 푸시킨, 심지어 푸틴 대통령까지 만나볼 수 있다. 물론 기가 막히게 닮은 사람들이다. 같이 사진을 찍으려면 돈을 내야 한다.

붉은 광장과 마네지 광장 사이에 있는 러시아 국립역사박물관. 석기시대부터 19세기 말까지의 러시아 역사에 관한 전시품이 있다.

"봤어? 봤어? 지금 저 남자가 나 찍는 거? 짱이지?"

내가 여기저기 찍어대고 있는 사이 붉은 광장을 지나는 사람들이 프레임에 걸렸다. 그사이 이노가 방금 지나간 소녀들의 말을 통역해준다.

"친구들한테 우쭐해하면서 자랑해 쌌더라."

어쩐지 말투가 좀 호들갑스럽다 했더니. 기집애, 내가 자기 찍은 줄 알았나 보다. 나중에 차차 알게 된 사실이지만, 러시아 여자들의 사진 사랑은 우리나라 소녀들의 셀카 사랑을 능가한다. 붉은 광장뿐만 아니라 여기저기서 틈만 나면 그녀들은 사진을 찍어댔다. 그것도 그냥 얌전히 찍는 게 아니라 잡지 모델처럼 포즈를 취하고서. 다리 하나를 살짝

동글동글 뾰족뾰족. 재기 발랄해 보이는 양파 모양 지붕은 러시아 목조건축의 진수를 보여준다.

드는 것은 기본. 엉덩이를 뒤로 빼고 몸을 비틀어 에스라인을 과장되게 만들거나, 머리 뒤쪽으로 한쪽 손을 올려 화사하게 포즈를 취하기도 한다. 사진 찍자고 하면 기껏해야 승리의 브이나 만드는 내가 보기엔 좀 어색하고 웃겨서 피식거렸다.

여러 나라를 여행하다 보면, 각 나라마다 사진을 찍을 때 나타나는 사람들의 반응이 재미있다. 그 반응들이 모두 제각각이기 때문이다. 프랑스 사람들은 프레임 안에 자기가 들어가 있다는 걸 알면 얼굴을 가리거나 피했다. 스페인 사람들은 환하게 웃으며 프레임 안으로 적극적으로 들어왔다. 카메라 앞에 얼굴을 들이대고 손을 흔들기까지 하며 말이다. 그럼 러시아 사람들은? 이들은 예쁘게 꾸미고 나와 사진에 찍히는 경험을 은근히 즐기는 것 같다. 스스로도 자신이 예쁘다는 걸 알고 있는 걸까? 아름다움의 기준이 문화마다 시대마다 상대적인 것은 진리이

지만 여기서만큼은 절대적인 미가 존재하는 것 같다. 세계 어느 나라에서도 나오지 못하는 과감한 포즈와 자신만만한 사진 찍기가 가능한 데에는 이유가 있을 게다.

우리? 우린 광장에서 점프샷을 찍었다. 양팔을 벌리고 높이 뛰어 최대한 역동적이게. 그러자 주변에서 깔깔거리던 한 모스크비치가 자신도 같이 뛰자며 프레임 안으로 들어온다. 그리고 함께 점프샷을 찍는다. 사진 찍을 때 과감한 포즈가 더 자연스러워 보이는 나라 러시아. 혹시 우리가 이곳에 점프샷을 유행시키고 가

는 것은 아닐까? 기분 좋은 상상을 하며, 새 신발을 산 것처럼 또 한 번 뛰어본다. 유르르히!

점심에 먹을 수 있는 것을
저녁까지 미루지 마라

●

by 수스키

"러시아 사람들은 뭘 먹고 살아?"

여행 출발 전 직장 동료들이 물었다. 글쎄. 뭘 먹고 살까. 죽지 않으려면 뭐든 먹을 텐데, 사실 나도 잘 모르겠다. 서유럽처럼 파스타가 발달했을 것 같지도 않고, 생각해보니 톨스토이나 도스토옙스키 소설 속 주인공들은 빵을 먹었던 것도 같다.

"그럼 우리 빵 먹어?"

설뱀이 겁에 질려 묻는다. 붉은 광장에 크렘린 궁전까지 작렬하는 태양 아래 허겁지겁 돌아다녔더니, 무섭게 배가 고프다. 그런데 빵이라니. 빵 하고 기절할 것 같다.

그 와중에 발견한 '무무муму'는 우리를 구원할 레스토랑이었다. 대체 어떤 녀석이 러시아 음식이 맛없다고 했을까. 당장 무무에 데려와 샤슬릭шашлы́к과 보르쉬борщ, 펠메니пельме́ни를 먹여보고 싶다. 제발 한

입만 더 달라며 녀석이 무릎을 꿇는 통쾌한 상상을 해본다. 사실 러시아 음식은 여러 민족의 영향을 두루 받았다. 이는 과거부터 다양 한 민족들이 함께 어우러져 살며 나타난 자연스런 결과다. 곰곰 생각 해보면 사실 이곳은 다양한 민족 음식의 경연장이었던 셈이다. 음식 판 '케이팝스타K-pop Star'랄까? 결국 지금 맛볼 수 있는 것들은 최종 경합에서 살아남은 강하디강한 놈들이다.

대표 선수 샤슬릭만 봐도 알 수 있다. 양고기나 쇠고기를 큼직하게 썰어 길쭉한 쇠꼬챙이에 꽂으면 준비는 끝. 은근한 불과 연기에 함께 익혀주면 된다. 고기 중간중간 피망이나 토마토 같은 채소가 들어가기도 하고 돼지고기나 닭고기 등 취향에 따라 고기를 선택할 수도 있으니, 웬만해선 맛없기 힘든 조합이다.

그럼에도 불구하고 이 요리의 맛을 결정하는 포인트가 있으니, 바로 불과 연기의 향이다. 그런데 이건 순전히 굽는 사람의 기술에 따라 달라질 수 있는 부분이다. 그래서 그런지 러시아에서 청춘남녀들이 다차(별장, 주말농장)로 놀러 가면, 샤슬릭을 잘 굽는 남자가 인기가 많다고 한다. 아, 이런! 또 얼마나 많은 남자들이 디테일한 훈제 맛을 살리기 위해 노력했을까? 꼬치를 이리 돌리고 저리 돌리고, 연기를 후후 불어가며 그들은 또 얼마나 맵디매운 눈물을 흘렸을까? 덩치가 산만 한 러시아 남자들이 충혈된 눈으로 꼬치를 돌리고 있을 생각을 하니 웃음이 난다.

다행히 대부분의 러시아 음식점에서는 샤슬릭이 이미 잘 구워진 상태로 나온다. 이때 함께 나온 리뾰쉬카лепёшка(납작하고 둥근 빵)에 샐러드

값도 저렴하고, 맛도 좋은 식당 '무무'. '무무'는 소 울음소리를 나타내는 의성어. 이름과 아주 잘 어울리게도 식당 앞에는 커다란 젖소 조각상이 있다.

와 사워크림Sour cream(생크림을 발효시켜 새콤한 맛이 나는 크림)을 넣어 돌돌 말아 먹으면, 러시아산 훈제 화이타 느낌이랄까? 서울로 돌아와서도 두고두고 생각난 러시아의 맛이었다.

샤슬릭과 더불어 러시아를 대표하는 또 다른 음식은 바로 보르쉬라는 수프다. 양파와 다양한 야채를 큼직하게 썰어 넣고 고기와 함께 끓인 것으로, 수프라기보다는 국에 가깝다. 재미있는 것은 이 보르쉬의 색깔이다. 보통 자주색을 띠기도 하고, 핫핑크 내지는 보라색을 띠기도 하는데, 아무리 생각해봐도 그런 색깔이 나는 식용 액체는 처음 본 것 같다. 핫핑크색 국물이라니 어쩐지 좀 꺼려지기도 하지만, 한번 맛을 보면 그런 생각은 싹 사라진다. 맵지 않은 김치찌개 맛이랄까? 느끼한 고기와 함께 먹기에 안성맞춤이다. 채소가 많아서 그런지 속이 풀리는 느낌마저 든다.

"이야! 이거 진짜 시원하다. 이노, 러시아에서 해장할 때는 보르쉬 먹고 그래?"

러시아에 오기 전부터 보르쉬 노래를 불렀던 설뱀은 원조 할머니 보르쉬라도 맛본 듯 감격에 겨워 이노에게 묻는다.

"아니, 그냥 김치찌개 먹지."

"아……."

현지에 사는 주재원은 그냥 한인 식당을 즐기는 것으로 결론을 내리고, 우리는 또 다시 음식 삼매경에 빠졌다. 재미있는 점은 러시아에선 이 야채수프에도 사워크림을 넣어 먹는다는 점이다. 난 보르쉬 자체는 맛있게 먹었지만 차마 거기에 사워크림까지 섞어 먹을 용기는 나지 않았다. 핑크색 국물에 하얀 점액질의 소스를 푼다는 게 맛을 떠나 시각적으로도 그다지 아름답지는 않기 때문이다. 힐끔 현지인들을 보니 양손으로 보르쉬 그릇을 들고 후루룩후루룩 잘도 먹는다. 사실 러시아인의 사워크림 사랑은 비단 보르쉬에 국한되는 것은 아니다.

함께 나온 훈제 연어와 러시아 전통 만두 '펠메니'를 와구와구 입에 넣으며 식사를 이어갔다. '모르스мopc'라는 과일 주스까지 곁들여지자 식사 자리는 한층 흥이 올랐다. 음식으로 몸이 덥혀질수록 러시아에 대한 호감도가 한 단계씩 상승하고 있었다.

러시아 전통식은 양식과 달리 코스 요리가 없다고 한다. 모든 음식을 한 번에 다 내와 골라 먹는 재미를 느끼는 게 일품이다. 얼핏 상다리

약한 불에 연기와 열로 오래도록 구워야 맛이 산다는 '샤슬릭'(좌).
러시아 전통 팬케이크 '블린'. 팬케이크 속에 다양한 재료를 넣을 수 있다(우).

가 부러지게 차려져 나오는 한정식과 닮은 것도 같다. 이렇게 다양하게 시켜 먹을 수 있는 것은 여럿이 함께하는 여행에서만 느낄 수 있는 또 다른 재미 아닐까? 먼저 말하는 사람이 지기라도 하는 것처럼 우리는 어깨 싸움을 하며 조용히 접시를 비웠다.

러시아 문학의 아버지로 통하는 푸시킨은 다음과 같은 명언을 남겼다고 한다.

"점심에 먹을 수 있는 것을 저녁까지 미루지 마라."

역시 문인다운 기가 막힌 표현이지만, 이런 맛깔난 러시아 음식들이 없었다면 기막힌 표현도 세상에 존재하지 못했을 것이다. 안 그래도 근처에 푸시킨의 생가가 있다고 하는데, 자꾸 먹다 보니 그가 말을 거는 것 같다.

'미루지 마라…… 미루지 마…….'

달그락달그락, 후루룩 쩝쩝. 그렇게 우리는 절대 미룰 수 없다는 각오로 맹렬히 러시아를 맛봤다.

아르바트 거리의
몽상가

●

by 수스키

배불리 먹고 나니 이제 좀 살 것 같다. 여행은 역시 터질 듯한 포만감을 느끼며 숨 쉬기도 힘들 때 해야 제맛이다. 택형이 양손을 호주머니에 꼽고 어슬렁어슬렁 주변을 돌아본다.

"어? 여기가 아르바트였어?"

배부른 사자 같은 택형이 지도를 꺼내 거리 이름과 맞춰보았다. 이 제야 알았다는 게 아쉽다는 표정이다. 사실 우리가 배고픔의 노예가 되어 제대로 못 알아봤다만, 줄곧 우리가 걷고 있던 거리는 그 유명한 '아르바트 거리'였다.

정확히 말하면 구 아르바트 거리다. 신 아르바트 거리에는 큰 도로가 있고 차들도 다니지만, 이곳 구 아르바트 거리는 오직 보행자만 다닐 수 있다. 원래 이 지역은 200년 전만 하더라도 귀족들의 저택이 나란히 있던 곳이라고 한다. 우리가 아는 푸시킨, 고골, 투르게네프 등의

오늘을 사는 모스크비치들의 생생한 모습을 엿볼 수 있는 아르바트 거리.

러시아 작가들이 유년 시절을 보내기도 한 곳이고 말이다. 거리를 이루는 곳에서는 예전부터 장인들이 나와 앉아 물건을 만들어 팔곤 했다고 하니, 우리나라의 저잣거리쯤을 떠올리면 될까? 어쨌든 과거의 러시아를 만날 수 있을 것만 같은 기대감에 여행 전부터 꼭 와보고 싶던 곳 중의 하나였다.

"근데 이 거리가 왜 명소라는 거지?"

이러저리 고개를 돌리던 택형이 묻는다. 택형은 언제나 '팩트'를 잘 짚어낸다. 여행을 하며 만나는 수많은 유혹 앞에서도 그는 무섭게 냉정을 유지했다. 유람선을 한 번 더 타겠다는 나를 말린 것도 택형이었고, 마트료시카를 볼 때마다 지갑을 꺼내는 나를 붙잡은 것도 그였다. 그리고 마지막 날, 더블패티버거를 먹겠다는 내게 잔고를 보여주며 나지막이 "닥쳐!"라고 말한 것도 바로 그였다. 그가 없었더라면 이 여행은 어떻게 됐을까? 쾌락을 좇다 마침내 파산해버리고 마는 카드 청구서의 노예가 되지 않았을까? 그렇게 우리 여행의 냉정한 판단자인 그가 지금 이 거리를 못마땅해하고 있는 것이다.

"그래도 여기 노점상도 많고, 우리 또래들도 많은 것 같아서 난 좋은데."

배불러서 기분이 좋아진 설뱀이 댓글 달듯 말을 받는다.

"그래, 그러네."

붉은 광장만큼 엄청난 유적지나 위대한 건축물은 없다 할지라도, 이곳은 분명 아기자기한 볼거리가 있고 분위기도 화사하다는 게 우리의 중론이었다. 거리를 촘촘히 수놓은 무명의 화가들과 그들에게 초상화를 맡긴 여인들, 그림을 파는 상인들과 물건을 흥정하는 청년, 골목길에서 자신만의 콘서트를 여는 무명 가수들과 그들의 노래를 기꺼이 함께 흥얼거릴 수 있는 사람들 모두 내 호기심을 잡아끌기엔 충분했다. 그리고 이 모든 것이 그들에게는 일상이기 때문에 무심히 지나쳐 가는 모스크비치들을 엿보는 재미도 쏠쏠했다.

"저기 가볼까?"

우리는 아르바트 거리 곳곳에 자리 잡고 있는 기념품점 중 한 곳을 골랐다. 적어도 한 곳쯤은 들어가 줘야 수많은 기념품점에 대한 예의 아닐까?

"이건 얼마예요?"

양 볼이 빨간 마트료시카가 색깔도 가지가지, 크기도 가지가지다. 그중에 제일 큰 걸 딱 찍어서 물어보았다.

"하하! 야, 저건 말도 안 되게 크잖아."

준스키가 핀잔을 준다. 정말 가격도 말도 안 되게 비싸다. 가장 인기가 많은 한 뼘 정도 크기의 마트료시카는 2~5만 원 정도가 일반적인 가격인 듯했다. 그런데 내가 고른 대형 마트료시카는 30만 원이 훌쩍 넘는 고가였다. 이곳에서는 연인에게 곰 인형을 선물하듯 대형 마트료시카를 선물할까? 인형의 크기가 사랑의 척도라도 되는 양 허황된 꿈을 좇는 연인들처럼, 이곳에서도 들지도 못하는 마트료시카를 선물하면 사랑이 '짠' 하고 이루어진다는 꿈을 꾸고 있는 연인들이 있을지도 모르겠다. 시골 소녀처럼 순박해 보이던 마트료시카가 헛소리 말고 돈 없으면 빨리 나가라고 생글거리고 있는 것 같다.

"에잇! 모르겠다."

선택의 폭이 너무 넓은 것도 괴롭다. 다 고만고만해 보이는데, 가격은 또 어찌나 다양하던지. 혹시나 여행자라고 바가지를 씌울지도 모른

▲ 시내 기념품점 어디에서든 만날 수 있는 갖가지 모양의 마트료시카.

◀ 러시아 스타벅스에서만 구할 수 있는 마트료시카 모양의 텀블러.

다는 생각이 선택을 더 어렵게 만들었다. 결국 마트료시카는 사지도 못하고 떨떠름한 표정으로 가게를 나왔다. 마주 선 길 한복판에는 그림을 파는 노점상이 늘어서 있다. 우리나라라면 아마도 떡볶이나 튀김을 팔고, 꽂게 등딱지로 국물을 우려낸 어묵을 파는 노점상이 차지했을 텐데. 포장마차 대신 그림을 파는 곳이라니. 러시아의 예술 사랑은 배고픔을 뛰어넘는 걸까? 조금 더 걸어가자 액세서리를 파는 펑키한 남자 옆에 아기 고양이를 들고 나와 분양하는 소녀가 보였다.

"와, 정말 여긴 별게 다 있네."

우리나라의 화개장터처럼 있어야 할 것은 다 있고, 없을 것은 없는 아르바트 거리에는 오늘을 사는 모스크비치들의 생생한 모습들이 넘쳐나고 있었다. 바로 이런 매력 때문에 빅토르 최도 이곳을 아지트 삼아 공연을 했던 것 아닐까? 붉은 광장의 웅장함과 질서 정연함과는 사뭇 다른 이곳의 자유분방함이 맘에 든다.

거리를 구경하며 얼마나 걸었을까. 아르바트 거리가 끝나는 부근에서야 비로소 푸시킨의 동상을 볼 수 있었다. 1999년에 푸시킨 탄생 200주년을 맞아 세운 것이라고 하는데, 바로 맞은편에는 그가 한 달여간의 신혼 생활을 했던 집도 그대로 남아 있었다. 우리에겐 〈삶이 그대를 속일지라도〉라는 시로 잘 알려져 있는 작가. 그렇지만 문학보다 내 관심을 더 끌었던 것은 바로 그의 아내다. 푸시킨은 사랑하는 아내를 위해 목숨을 걸고 권총 결투를 하다 결국 죽음에 이르고 말았기 때문이다. 무모할 정도로 과감한 그의 대담함. 대체 얼마나 대단한 아내이길래 예술가의 마음을 송두리째 가져가 버렸을까?

푸시킨과 그의 아내. 두 사람의 손을 만지면 영원한 사랑을 얻을 수 있다고 한다. 그래서인지 동상의 손 부분이 반짝반짝 닳아 있다(좌). 사랑을 위한 결투로 목숨을 잃은 '상남자' 푸시킨(우).

예술가에게는 누구나 뮤즈가 한 명씩 있는 것 같다. 단테의 베아트리체, 구스타프 클림트의 에밀리에 플뢰게, 존 레논의 오노 요코, 그리고 푸시킨의 아내? 천재의 마음을 흔들었던 뮤즈는 아르바트 거리에 동상으로 만들어져 지금도 그와 함께하고 있었다. 나는 어쩌면 천재들만이 뮤즈를 가지고 있는 것이 아니라, 뮤즈가 천재를 만들어낸 것은 아닐까 하는 생각이 들었다. 인류사에 기억될 예술적 창조물이 뮤즈가 없었다면 이 세상에 존재할 수 있었을까?

"어쩌면 나도 천재 회사원일지 몰라!"

천재적인 직장 생활을 하는, 그렇게 팀장님의 간담을 서늘하게 하는 비범한 샐러리맨! 다만 아직 뮤즈를 못 만난 것일 테다. 단지 그 이유 때문에 이렇게 사는 게 힘든 건가? 뭉게뭉게 상상의 꽃을 피우는데, 택형이 닥치라는 표정으로 시계를 살핀다.

"오늘 볼쇼이 극장이랑 춤 щум 백화점 보고 우주 박물관까지 가려면 시간이 너무 없는데……."

우리 여행의 내비게이터, 택형의 마음이 급해졌다. 그런데 친구들은 또 어디 있지? 구경거리가 있는 곳은 이런 게 문제다. 다행히 로맨티스트 준스키는 화가와 교감하듯 사진을 찍고 있었고, 나 또한 지근거리에 있었다. 그런데 설뱀이 안 보였다.

"어, 저기 설뱀 아냐?"

한참을 뒤로 돌아가자 그제야 설뱀이 나타났다. 호기심 천국 설뱀, 오늘이 인생 마지막인 것처럼 여행하는 설뱀은 러시아의 먼지 한 톨까지 잊지 않으려는 듯 수사관처럼 온 사방을 살핀다. 설뱀에게 여행할 때 꼭 필요한 것이 있다면 현미경, 핀셋, 각종 채집용 상자, 이런 것이 아닐까? 로맨티스트 준스키에게는 장미 문양 실크 셔츠가 잘 어울리겠다. 택형은 지도와 자, 각도기가 있다면 우리 여행을 칼같이 제단하는 데 도움이 되려나? 내 맘대로 상상하는 사이에도 시간은 째깍째깍 잘도 흘러간다. 드디어 다 모인 우리들, 어쩜 달라도 이렇게 다를까? 같은 걸 봐도 저마다 다른 걸 느끼는데, 아예 다른 걸 보고 다니는 우리들의 여행이 조금은 걱정이 된다. 벌써 많은 시간이 지나버린지라 잰걸음을 옮기며 생각했다. 우리 여행 잘 끝낼 수 있겠지?

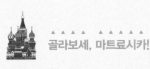

골라보세, 마트료시카!

여행 초반, 다 그게 그것처럼 보였던 마트료시카. 마트료시카 까막눈이던 나도 여행하는 동안 조금씩 제대로 된 마트료시카를 알아볼 수 있는 눈을 갖게 되었다. 다양한 마트료시카들 사이에서 조금씩 차이를 발견할 수 있게 됐다고나 할까? 명품과 짝퉁을 기막히게 구별해내는 쇼퍼홀릭처럼, 마트료시카의 디테일을 구별해내는 안목이 여행 내내 깨알같이 쌓여간 것이다. 그렇게 터득한 '좋은 마트료시카를 고르는 법'을 공개하자면 이렇다. 짜잔!

1. 인형 속 인형의 개수를 살펴보자

인형 속에 인형이 많이 들어 있을수록 좋다. 싼 건 보통 다섯 개가 들어 있고 많으면 열 개 이상이 들어 있다. 무려 스무 개가 들어 있는 것도 있다. 이런 마트료시카 구경의 재미는 "이야, 이렇게 작은데 설마 또 들어 있을까?" "우아, 또 있네! 대박!" 이렇게 감탄을 하면서, 너무나 작은 인형의 배를 손톱으로 하나하나 갈라보는 것이다. 배를 가를 때마다 주변에서 들리는 환호를 느끼며 구매해보자. 다시 말하지만, "우아, 이건 이렇게 큰데 가격이 이렇게 싸!"라며 감동스레 구매해서는 안 된다. 그런 건 배를 갈라보면 백프로 다섯 개짜리다. 드물게 세 개짜리도 있는데, 그럴 땐 점원의 멱살을 잡자.

2. 인형 속 인형의 색칠을 살펴보자

인형 속의 인형들의 색이 잘 칠해져 있는지 꼭 봐야 한다. 여기서부터 디테일이 갈린다. 보통 겉에 있는 제일 큰 인형은 색깔도 정교하게 칠해져 있고 펄도 예쁘게 발라져 있다. 그런데 둘째 인형부터는 색도 좀 대충 칠해져 있고 제일 작은 인형은 심지어 눈코입이 없는 경우도 있다. 보통 겉만 보고 덥석 집어오는 경우가 있는데, 그랬다간 집에서 인형들을 다 꺼내보고 좌절을 맛볼 수 있다. 인형 파는 언니에게 속에 있는 인형들을 다 꺼내달라 그러자. 그리고 매의 눈으로 보자, 눈코입!

3. 인형 배의 이음새를 살펴보자

인형 배를 가를 때, 위쪽과 아래쪽을 이어주는 이음새를 잘 보자. 좋은 건 부드럽게 분리시키고 합체시킬 수 있지만 안 좋은 건 그 반대다. 분리할 때마다 안간힘을 써야 하고, 합체할 때는 비 오는 날 자전거 브레이크 밟는 소리가 난다. 심지어 분리할 때마다 톱밥 같은 게 콩고물처럼 떨어져, 참 폼 안 나게 만들기도 한다.

아, 눈치챘겠지만 모두 내가 겪은 시행착오들이다. 그래서 결국 집에는 멀쩡한 마트료시카가 없다. 내가 다시 한 번 러시아를 방문해야 할 이유 하나를 또 만들어놓고 온 셈이다.

빅토르 최를
아시나요?

●

by 준스키

모스크바의 청춘이 강처럼 흘러 다니는 아르바트 거리를 걷다 보면, 빅토르 최를 만날 수 있다. 1980년대에 록으로 러시아 서민들의 마음을 사로잡고 전설이 된 한국계 3세. 그의 메시지는 변화의 바람이 일던 소비에트 사회에 스며들었고, 그의 이름은 자유의 아이콘이 되었다. "오늘 나는 자유를 위해 모든 것을 희생할 수 있다."고 했던 그는 '어머니 나는 건달입니다', '운명은 다른 법으로 살아가는 사람을 더 사랑한다', '문에 열쇠가 맞지 않으면 어깨로 문을 부숴라' 같은, 순수하고 진지한 노랫말도 지었다. 중2병 같을 수도 있지만, 세상을 바꾸는 건 그런 순수함인지도 모른다. 아르바트 거리에는 20대 아까운 나이에 불의의 사고로 세상을 떠난 그를 기리는 추모의 벽이 있다.

아르바트의 생동감과는 어울리지 않는, 공업도시의 뒷골목같이 허름한 담벼락에는 담배를 문 그의 포스터가 붙어 있었고, 그 주위로 어지러운 낙서들이 그를 추모하고 있었다. 스물아홉, 너무 아까운 나이에 교통사고로 세상을 떠난 그를 추모하는 곳에는 여전히 많은 이들이 다녀가는 것 같았다. 그의 사진 아래 놓인 시들지 않은 장미꽃을 보면.

"세상에 뿌려진 사랑만큼 알 수 없던 그땐~ 언제나 세월은 그렇게 잦은 잊음을 만들지만~."

빅토르 최의 추모벽을 뒤로하고 아르바트 거리를 거닐었다. 기념품 가게를 기웃거리며, 오가는 사람들을 구경하며, 설뱀은 우리가 학창 시절에 사랑했던 노래들을 흥얼거린다. 음치 설뱀이 음정도 박자도 엉망으로 만들었지만 이상하게도 첫 소절만 들어도 용케 따라 부르게 되는 노래들.

"설뱀! 모스크바 젊음의 거리에 왔는데, 이왕이면 러시아 노래를 불러줘야 하는 거 아니야?"

"그런가? 너는 빅토르 최 노래라도 들어봤어?"

"당연하지!"

러시아를 제대로 느껴보려고, 스마트폰에 요즘 러시아에서 유행하는 곡들을 담아온 터였다. 지마 빌란Dima Bilan, 알소우Alsou, 막심Maksim, 타투t.A.T.u., 티마티Timati 등등. 물론 빅토르 최와 알라 푸가체바Alla Pugacheva 같은 러시아 국민 가수의 노래도 함께. 우리나라에는 잘 알려지지 않은 새로운 느낌들이었다. 길거리 음악가들로부터도, 아르바트의 카페에서도 처음 듣는 선율이 흘러나오곤 했다. 전혀 생소한 음악 스타일은 아니었지만 가사를 알아듣기는 힘들었다.

문학과 예술의 나라답게 문학적인 가사를 가진 노래를 찾기란 어렵

어둡고 추운 거리는 우리의 발자국을 기다린다
군화 위에 내려앉은 별빛의 먼지
체크무늬 푹신한 소파
제때 당기지 못한 방아쇠
눈부신 꿈속 햇빛 비치던 날

어떤 희생을 치르더라도
승리하는 걸 나는 원하지 않는다
나는 누구의 가슴도 밟고 싶지 않아
너와 함께 있을 수 있다면,
그저 너와 함께 있을 수 있다면!
그러나 하늘 높이 솟은 별은 나를 전장으로 이끌어

내 소매에 써 있는 나의 혈액형
내 소매에 써 있는 나의 군번아
이 전투에서 나의 영혼을 지켜줘
이 싸늘한 들판에 홀로 남겨지지 않기를
이 전투로 향하는 내게 행운을 빌어줘

– 빅토르 최, '혈액형 Группа крови'

지 않다. 저항의 아이콘 빅토르 최마저도 감성 넘치는 사랑 노래를 부르기도 했으니 말이다. 세상에 나온 지 서른 해쯤 된 러시아 가요 '백만 송이 장미'는 가사가 마치 그 자체로 단편소설 같다. 독신이었던 화가가 집과 그림과 피를 팔아 산 백만 송이의 붉은 장미. 짝사랑하던 여배우가 창가에 서면 보이도록, 백만 송이의 장미를 든 채 그녀의 집 앞 광장에 선 남자. 사랑하는 사람이 좋아하는 꽃과 자신의 인생을 송두리째 바꾸어버린 가난한 남자의 사랑 이야기는 러시아의 실제 화가였던 니코 피로스마니Niko Pirosmani의 실화를 바탕으로 한 것이다.

> 만남은 너무 짧았고, 밤이 되자 기차가 그녀를 멀리 데려가 버렸지.
> 하지만 그녀의 인생에는 황홀한 장미의 노래가 함께하겠지.
> 화가는 혼자서 불행한 삶을 살았지만,
> 그의 삶에도 꽃으로 가득 찬 광장이 함께했다네.
>
> ㅡ 알라 푸가체바, 〈백만 송이 장미〉 중에서

러시아 최신 팝은 대체로 유럽이나 미국의 트렌드와 굉장히 닮아 있다는 느낌이 들었다. 그러면서도 "아, 이 노래 러시아 노래다!"라고 알아챌 수 있을 만큼 러시아의 색깔을 담고 있었다. 우리나라에는 많이 소개되지 않아 물론 색다르게 들리기도 하겠지만 숨은 보석을 발견한 것처럼 신선한 느낌을 받을 수 있다.

차이콥스키와 쇼스타코비치 후예들의 '요즘' 음악이 그리 널리 알려지지 않은 것은 굉장한 문화적 손해인지도 모른다. 러시아가 낳은 위

아르바트 거리의 음악가들. 러시아 음악에는 러시아 특유의 감성이 배어 있었다. 차이콥스키가 듣는 다면 변하지 않아 깜짝 놀랄, 시베리아 벌판 같은 감성.

대한 클래식 음악들은 찬란한 아름다움의 역사로 우리에게 잘 알려져 있지만, 세련된 느낌의 러시안 팝을 우리는 거의 모르고 있지 않는가? 내가 아는 러시아 음악도 오래된 러시아 작곡가들의 클래식이 전부였 다. 그런데 이렇게 끈적이는 음악들이 숨 쉬고 있을 줄이야.

차이콥스키가 150년 뒤로 타임머신을 타고 와서 아르바트 거리에 흐르는 요즘 노래들을 듣는다면 놀라 까무러칠지 모른다. 신선한 충격 때문이 아니라 변하지 않은 어떤 '러시아적인' 느낌들 때문에. 물론 그 건 러시아어의 독특한 느낌 때문일 수도 있고, 춥고 황량한 시베리아 벌판을 떠올리게 하는 멜로디 때문일 수도 있을 것이다. 해가 귀한 이 곳에서는, 여름에야 백야 덕분에 언제든지 광합성을 할 수 있지만 겨울 과 함께 밤이 길어지면 그 시간과 공간을 표현하는 데는 '우울'이 가장 어울렸을지 모른다.

시간이 흐르고 유행이 변해도 머리보다 가슴에 내려앉는 음악이 있다. 어떤 공간을 기억하게 할 멜로디를 억지로 머릿속에 넣을 수도 없고, 추억은 누가 떠먹여주는 것도 아니니까. 그때 그 시절, 그 공간이어서 만들어지는 추억. 러시아 젊은이들도 오늘 우리가 거리에서 들었던 음악으로 청춘의 추억을 만들어가고 있을 거다. 청춘이 출렁이는 아르바트 거리에서.

 ▲ ▲ ▲ ▲ ▲
볼쇼이 극장

세계에서 가장 아름다운 오페라 극장 중 하나. 모스크바 볼쇼이 극장. 붉은 광장에서 멀지 않고, '춤' 백화점을 이웃에 둔 웅장한 예술 궁전이다. '볼쇼이'는 러시아 말로 '큰'. 그야말로 커다란 궁전 같은 공간에서 매일 세계 최고 수준의 오페라, 발레 공연이 펼쳐진다. 홈페이지에서 예매는 필수!

모스크바의
지하 궁전

●

by 수스키

"우리 지하철에서 강도 만나는 건 아니겠지?"

모스크바에 방문한 사람이라면 무조건 경험해봐야 한다는 러시아 지하철. 마침내 그것과의 첫 만남을 눈앞에 두고 나도 모르게 뱉은 말이다. 위험천만한 여행은 상상만 해도 너무너무 싫다. 이렇게 겁이 많은데 러시아에는 잘도 왔다.

"야, 강도는 돈이라도 주면 되지. 스킨헤드 만나봐. 걔네는 돈도 필요 없어. 니 목숨이 필요해. 크크크."

농담 같지 않은 섬뜩한 대화가 오고 간다. 아아, 난 어쩌자고 여기까지 왔을까.

"너 계속 지상으로만 다닐래? 모스크바 지하철이 얼마나 볼 게 많은데!"

택형이 추상같은 한마디로 쏘아붙인다. 사실이다. 그의 말처럼 러시아 지하철엔 볼 게 많다. 대리석 기둥과 샹들리에, 화려한 벽화와 조각품까지. '세상에서 가장 화려한 지하철역', '지하 궁전'이라는 수식어가 뒤따르는 이유다. 흡사 박물관에 들어간 것 같다는 블로거들의 생생한 전언이 살아 숨 쉬는 곳. '동대문문화역사공원역보다 조명이 잘 돼 있을까? 안국역보다 고풍스러울까?' 호기심이 퐁퐁 솟아나는 것도 사실이었다.

지하라는 공간이 주는 어둡고 음습한 이미지 때문인지, 어느 나라나 지하철이 범죄의 무대가 되는 경우가 많다. 러시아도 예외는 아닌데, 객차 하나하나가 우리나라처럼 연결돼 있지 않아서, 불길한 낌새를 느끼고 다른 칸으로 이동할 수도 없다는 게 포인트다. 만약 객차 안에서 무슨 일이 생기면 모든 걸 내가 탄 칸 안에서 겸허히 받아들여야 한다. 물론, 이 무서운 지하철 이야기는 모두 다 과거 이야기라고 한다. 그런데 왜 내 머릿속에는 웹서핑 하면서 봤던 모스크바 지하철 테러 사건이 떠오를까. 전동차가 문을 연 채 질주하던 사진은 또 어쩌란 말인가. 세상에서 제일 무서운 건 바로 스스로가 만들어내는 상상이다. 상상에 휘둘리지 말자. 최면을 걸어본다.

밖에서 볼 때는 입구가 어두컴컴 음침했지만, 실내로 들어가니 그렇게 음침한 분위기는 아니다. 사람들도 활기차게 오고 가고. 그럼 그렇지. 여긴 인구 1,200만 명이 사는 메트로폴리탄, 글로벌 기업들의 해외 법인이 몰려 있는 러시아의 수도 모스크바다.

"이게 말로만 듣던 러시아 에스컬레이터구나!"

설뱀이 연방 셔터를 눌러대며 사진을 찍는다. 러시아 지하철이 유명한 몇 가지 이유가 있는데, 그중 하나가 바로 이 에스컬레이터 때문이다. 빠른 속도는 기본. 우리나라보다 몇 배는 더 긴 길이가 신기하기만 하다. 우리나라 같으면 중간에 좀 끊어서, 몇 개로 나눠 만들었을 텐데, 여긴 그냥 한 방에 끝까지 내려간다. 그 깊이가 지하 약 50미터 아래까지 이어지는데, 가장 깊은 역인 '파르크 포베디Парк Победы(승전공원) 역'은 무려 지하 85미터까지 내려간다고 한다. 아파트로 따지면 30층 높이다. 서울 지하철 1호선이 10미터 안팎, 5~8호선이 22~23미터 안팎이고, 가장 깊은 역인 8호선 산성역이 55미터임을 감안하면, 러시아는 그야말로 지하 세계를 건설한 셈이다.

지하 세계의 입구에서 아래를 내려다보니 아찔하다. 만약에 고장이라도 나면 어떨까. 내려가는 건 그렇다 치고, 걸어 올라갔다간 그날은 다리가 오징어처럼 풀려버리겠다. 사실 그래서인지 러시아에서는 에스컬레이터가 고장으로 멈추는 경우는 거의 없다고 한다. 개찰구에서 플랫폼까지 한 번에 죽 연결된 에스컬레이터가 이미 기술에 대한 빵빵한 자신감을 보여주고 있는 것 아닐까? 역시 과학의 나라. 러시아 짱!

"2분 30초?"

꼭 이곳뿐만 아니라 러시아의 지하철 에스컬레이터는 내려가는 데(혹은 올라가는 데) 보통 2분이 넘게 걸린다고 한다. 나도 상당히 긴 편에 속하는 광화문역으로 출퇴근을 했는데, 그곳의 에스컬레이터는 이곳에 비하면 너무 짧고 귀여워 앙증맞게 보일 정도다. 그렇게 긴 에스컬레이터를 타다 보니 이곳의 연인들은 언제부턴가 "심심한데 뽀뽀나 할까?"를 속삭였던 것 같다. 에스컬레이터 위에서 한 번도 쉬지 않고 키스를

ПРОВОЗГЛАШЕНИЕ
СОВЕТСКОЙ ВЛАСТИ
В.И. ЛЕНИНЫМ

ОКТЯБРЬ 1917 г.

모스크바의 지하에는 또 하나의 거대한 미술관이 있다.
5만여 점이 넘는 작품이 전시되어 있는 그곳은 바로, 모스크바 지하철역.

이어가는 것이 연인들 사이에서는 필수 데이트 코스라고 하니 말이다. 드문드문 에스컬레이터에서 쪽쪽거리는 커플이 보인다.

"아 진짜, 계속 이런 뽀뽀 공해 속에 있다간 삐뚤어져버릴 것 같아."

"설뱀, 유치하게 이러지 마."

차분하게 마음을 가다듬고, 에스컬레이터가 갑자기 고장 나버리는 상상을 한다. 그렇게 된다면 아마도 너도 나도 모두 투덜거리며 걸어야 하겠지. 중간쯤 가다 말고 하이힐을 신은 여자친구가 짜증을 내며, 가방이나 던져버려라. 그걸 주우러 뛰어 내려가는 남자친구. 스킨헤드들도 헐떡거리며 땀을 닦는 상상을 해본다. 모두가 에스컬레이터 제조회사를 저주하며 함께 걷는 공평한 세상. 예쁘게 그려보지만 역시 그런 유토피아는 없다. 여전히 연인들은 키스를 하고, 설뱀은 2분 동안 셔터를 스무 번 정도 누르고, 난 또 금방 지겨워져서 휴대폰을 만지작거렸다.

KGB 요원을 만날지도 몰라

사실 지하철이 이렇게까지 깊게 뚫린 데에는 그만한 이유가 있다. 미·소 양국이 대립하던 1930년대, 스탈린은 핵전쟁도 대비할 수 있는 지하철을 원했다. 모스크바 시내에 수소폭탄이 떨어지더라도 안전한 지하로 대피할 수 있기를, 그래서 선로를 따라 이곳저곳으로 갈 수 있기를 바랐던 것이다. 실제로 2차 대전 중, 소련과 독일의 전쟁(대조국 전쟁) 때 지하철역은 방공호의 역할을 톡톡히 했다고 한다. 그 덕분이었는지는 모르지만, 당시 소련은 그 전쟁을 승리로 이끌 수 있었다. 재미있는 것은, 전쟁 중 연일 공습이 일어나는 가운데에서도 이 깊은 지하철역 안에서 '메트로 베이비'들이 태어났던 것이다. 그 숫자가 무려 200여 명이나 된다고 하니, 그야말로 지하철은 전쟁 중 산파 노릇까지 야무지게 한 셈이다.

"그런데 비밀 지하철이 있다는 얘기 들어봤어?"

여행 준비하며 러시아 관련 책을 쌓아놓고 읽던 준스키가 말을 꺼냈다. 그 '썰'에 의하면 비밀 메트로는 전쟁이 났을 때, 주요 거점을 잇는 통로로서, 지하철 노선도는 물론 지도에도 나오지 않는 비밀의 지하철 노선이었다. 물론 이는 러시아 정부가 공식적으로 인정하는 부분도 아니며, 일반인에게 공개된 적도 없다. 하지만 인터넷에서는 '메트로 2'라는 이름으로 여기저기 의혹을 제기하는 글들을 쉽게 찾아볼 수 있다. 그리고 심지어 미국 CIA가 만들었다(카더라)는 '메트로 2'의 가상 노선도도 떠돌아 다녔다.

"이야, 역시 KGB의 나라네."

설뱀이 맞장구를 친다. 스탈린의 다차에서부터 모스크바 중심지까지 직통으로 연결되는 비밀 노선이 있고, 그런 노선과 통하는 문이 지하철역에 존재한다는 말도 있었다.

"아, 그럼 혹시 이 역도 연결돼 있는 거 아냐?"

호기심이 모락모락 피어난다. 모두 다 확인되지 않은 '썰'이지만, 상상만큼은 누구에게나 허락된 자유가 아닐까. 영화 〈해리포터〉 시리즈에 등장하는 비밀 통로처럼, 이곳에도 어디론가 연결되는 비밀의 문이 있다고 생각하니 모든 게 예사로워 보이지 않는다.

"다 왔다!"

에스컬레이터 제일 앞쪽에 있던 설뱀이 뒤를 돌아보며 말한다. 전쟁의 아픔, 냉전의 비극 속에서도 아름다움을 잃지 않은 곳. 석조 인테리어가 돋보이는 플랫폼에 발을 내딛는다. 여기저기에 설치된 조각품과 은은한 조명이 예사롭지 않다. 세월의 때가 묻었지만 결코 허름해 보이지는 않는 분위기. '지하 궁전'이라는 말이 과장이 아닌 것 같다. 이게 바로 러시아 지하철이 유명한 두 번째 이유다. 조금만 지나도 촌스러워지고 마는 그런 흔하디흔한 디자인이 아닌, 시간이 지나도 품격을 잃지 않는 듬직한 외관.

아이러니컬하게도, 이렇게 아름다운 지하철이 탄생하게 된 배경에도 냉전 시기 미.소 양국의 경쟁이 있다. 핵전쟁도 대비할 수 있는 지하철을 주문한 스탈린은, 그와 더불어 가장 아름다운 지하철을 주문했다고 한다. 무슨 요구 사항이 이렇게 디테일할까? 신속하면서도 깊이 있는 보고서를 요구하는 팀장님 같다. 하지만 결과적으로 스탈린의 요구 사항은 관철된 것 같다. 러시아가 백 년 뒤를 내다보고 지하철을 만들었는지는 알 수 없지만, 80여 년이 지난 지금도 여전히 멋들어지게 건재한 것을 보면 말이다. 점점 이곳이 만만한 나라가 아니라는 생각이 든다. 지금은 잠시 주춤하고 있지만 한때는 과학기술로, 군사력으로, 경제력으로 세계를 주름잡던 나라다. 긴 잠에서 깨듯 언젠가 이 거대한 나라가 다시 일어나 춤출 날도 오지 않을까? 아직은 여행자에게 불친절하고 베일에 싸인 숨겨진 나라지만, 그렇기 때문에 더 호기심이 간다.

"저기 소원 이뤄주는 강아지다!"

준스키가 외쳤다. 재미있는 것 하나 추가다. 콧잔등을 만지면 소원을 이뤄준다는 마법의 청동 강아지, 파르티잔 용사의 곁을 지키고 있는 군견 동상이었다. 요 녀석이 진짜 내 소원을 이뤄줄 수 있을까. 녀석의 콧잔등은 이미 너무 많은 사람들이 만져서 맨질맨질해졌다. 아니나 다를까 아주머니 한 분이 쓱 하고 만지고 지나간다.

"나도! 나도!"

준스키도 무슨 소원이 그리 다급했는지 이때다 싶어 손을 뻗는다. 러시아에서는 유독 만지면 소원을 이루어준다는 것들이 많다. 상트페테르부르크의 표트르 대제 동상이 그렇고, 광장에서 만났던 이름 모를 거인 동상이 그렇다. 그리고 그런 동상들은 어김없이 반들반들 닳아 있었다. 사람들은 무슨 소원이 그리도 많아서 쇠가 닳을 정도로 동상을 만져댔을까. 인민을 위한 투쟁에 나섰던 파르티잔과 그의 군견이 오늘날 행복을 비는 기복의 매개체가 된 것에 나만의 의미 부여를 하며 선뜻 손을 뻗지 못한 나는, 그래도 아쉬운 마음에 콧잔등에 살짝 손을 대본다.

"야야! 왔다 왔어."

그러는 사이 지하철이 들어

파르티잔 용사와 그의 곁을 지키고 있는 군견 동상.

온다. 저 열차도 한 여든 살쯤 됐나? 열차는 '앤티크'라고 표현하기 민망할 정도로 심하게 낡아 있다. 과거에서부터 시간 여행을 해 지금 이곳까지 달려온 걸까?

"으아악!"

외마디 비명. 열차는 문을 인정사정없이 닫아버린다. 호기심쟁이 설뱀이 두리번거리며 타는 사이, 묵직한 문이 설뱀의 어깨를 가격해버린 것이다. 튕겨지듯 안으로 밀려 들어온 설뱀.

"아, 너무 아파. 이거 쫌만 늦게 탔으면 코 잘릴 뻔했다. 무슨 지하철이 문 닫는다는 소리도 안 하고 바로 닫아버리냐."

"했겠지. 우리가 못 알아들은 거지."

킥킥대며 이야기하는 사이에도 열차는 빠르게 달린다. 그렇게 우리는 항공우주 박물관이 있는 베덴하ВДНХ 역으로 향했다.

▲ ▲ ▲ ▲ ▲ ▲ ▲
러시아 지하철

세상에서 가장 아름다운 지하철로 손꼽히는 모스크바 지하철. 역사 안으로 들어가면 대리석 기둥과 샹들리에는 물론, 유명한 예술가들이 직접 창작한 조각, 회화, 모자이크 등을 쉽게 볼 수 있다. '지하 궁전'이라는 별칭이 전혀 어색하지 않을 만큼 화려하지만, 사실은 전쟁 중 방공호 역할을 하기 위한 군사적 목적도 가지고 있었다.

운행한지 80여 년이 지났지만 지금도 왕성하게 손님들을 실어 날라 유럽 지하철 중 최대 규모를 자랑한다. 개인적으로 제일 감동적인 부분은 평일 낮에도 보통 1~2분 간격으로 운행하는 배차 간격. 때문에 닫히는 문에 굳이 몸을 던질 필요가 없다. 재미있는 건 안내 방송을 남자가 하느냐, 여자가 하느냐에 따라 열차 운행 방향을 알 수 있다는 것. 도시 중심으로 진입하는 열차는 남자 목소리, 외곽으로 빠져나가는 열차는 여자 목소리다. 순환선의 경우 시계 방향은 남자 목소리, 반시계 방향은 여자 목소리의 안내 방송을 들을 수 있다.

'메트로 2'에 관한 기담 또한 빼놓을 수 없다. 러시아는 현재 운행 중인 지하철 노선 이외의 별도의 비밀 노선을 가지고 있다는 설이 바로 그것. 이는 전쟁이 일어났을 경우, 주요 거점을 연결하기 위한 목적으로 건설되었다고 한다. 물론 공식적으로 밝혀진 것은 아무것도 없지만, 입에서 입을 통해 여러 의혹이 제기되고 있는 것만은 사실이다. 일반 지하철역 중에서도 비밀 통로와 연결되는 곳이 있다던데, 모스크바 지하철을 탄다면 눈 크게 뜨고 찾아보는 게 어떨까? 아, KGB 요원과 마주칠지도 모르니 은밀하게 진행해야겠지. 훗.

사랑이라 부르는 것들은
모두 닿을 수 없는 것들. 이를테면 우주 같은.
나는 지금 우주와 가장 가까운 나라, 러시아에 와 있다.

천재 코 박사의
스페이스 판타지

●

by 준스키

내게는 모스크바에 꼭 와야 할 이유가 있었다. 몇 해 전 러시아와의 한 맺힌 인연 때문이다. 우주인이 꿈이었던 나는 2006년 대한민국 최초 우주인 선발 프로그램에 참여했다. "우주에 가면 무섭지 않니?", "우주에 갔다가 죽으면 어떡하니?" 이런 우려와 핀잔이 섞인 물음에 "그래도 가치 있다"고 말하는 많은 우주인 지원자들과 함께. 나는 2차 선발 과정에서 탈락하고 말았지만 떨어진 것이 못내 분해서 명예취재원으로 활동하기로 했고, 최종 선발까지 따라 뛰어다녔다.

　우주인 지원자에 이어 우주인 명예취재원으로 '우주인 놀이'에 푹 빠져 있던 그해, 사실 나는 모스크바에 첫발을 내딛을 뻔했었다. 기자 자격으로 모스크바 가가린 우주인 훈련센터에서 하는 훈련 과정에 동행할 수 있는 기회가 있었던 거다. 하지만 말도 안 되는 사소한 이유로

그 환상적인 기회는 없던 일이 되었다. 다름 아닌 비자 때문. 갓 전역한 풋내기였던 나는 여권을 가지고 있지 않았고, 출국이 얼마 남지 않은 상황에서 여권을 만들고 비자까지 발급받는 데는 시간이 부족했다. 굴러들어 올 수 있었던 복을 '알까기' 해버린 비참한 상황이었다. 여권만 가지고 있었다면 가볼 수 있었는데! 모스크바! 붉은 광장! 가가린 우주인 훈련센터! 가보지 않은 모든 풍경을 굳이 상상하면서 가슴 아파했다. 지금 생각하면 별일 아니었지만 그땐 꿈이 산산이 부서진 것만 같았다.

그토록 꿈꿨던 러시아에 오기 전에 최종 우주인 후보 고산 형에게 조언을 구했다. 내가 명예취재원으로 선발 과정을 따라 뛰어다닐 때 누구에게나 항상 따뜻한 손길을 내밀던 따뜻한 남자.

"형, 혹시 러시아에서 이건 꼭 해봐라. 이런 게 있으세요?"

"어려운 질문이네. 러시아에서 훈련을 오래 받았지만, 나도 훈련만 받다 와서 잘 모르겠어."

"그럼 우주 관련해서 가볼 만한 데가 있을까요? 훈련받으셨던 가가린 우주센터라든지……."

"가가린 우주인 훈련센터는 모스크바에서 30킬로미터 떨어진 스타시티에 있어. 군사시설이어서 정보 찾기는 좀 힘들 텐데, 일반인들도 종종 견학 오더라. 가보면 볼 만한 게 많을 거야. 에네르기아나 로스코스모스 같은 기업이나 러시아 우주청에 견학할 수 있는지도 알아보면 좋을 것 같아. 참, 올해 모스크바 우주 박물관이 새로 개관했다던데, 잘 해놨다고 하더라."

스타시티는 모스크바에서 조금 멀리 떨어져 있어 일정에 넣기 힘들었지만, 시내에 있는 이곳에는 무조건 가야 한다고 생각했다. 모스크바 우주 박물관! 꿈꾸던 그곳으로 가는 길, 부풀어 있던 기대로 이미 마음은 소유즈Союз 호를 타고 올라 지구 대기권 밖에 있었다. 시내에서 멀지 않은 베덴하 역, 거대한 규모의 박람회장이 자리한 곳이다. 하늘 높이 솟구치는 로켓과 우주선 기념비가 한눈에 들어왔다.

단순한 게 좋아!

러시아 우주개발의 영웅인 천재 코롤료프Королёв 박사. 그가 러시아의 우주개발에 미친 혁혁한 공은 세계 우주개발 역사에서 귀에 못이 박히도록 들을 수 있다. 과연 우주비행 기념관에서도 그의 흔적을 살펴볼 수 있었다. 그는 세계 최초로 인공위성과 우주비행사를 만들었음에도, 정부에 의해서 존재 자체가 비밀에 부쳐졌던 희대의 천재다.

우주정거장에서 무언가를 기록하기 위해 미국 나사NASA에서는 무중력 상태에서도 쓸 수 있는 최첨단 펜을 개발하지만, 러시아에서는 그냥 연필을 쓰고 만다는 우스갯소리가 있다. 엄청난 기술의 집약체인 우주선에도 러시아의 그런 정신(?)은 녹아들어가 있는데, 러시아산 우주선의 고장이 적은 이유가 바로 그런 '단순함' 덕분이라는 말도 있다. 우주 공간에서 쓰는 컴퓨터도 예전 386 컴퓨터 수준의 오래된 것들인데, 그 이유는 그런 보다 단순한 컴퓨터가 우주에서 쓰는 데 검증되어 있기 때문이다. 박물관에는 단순하지 않은 기술로 만든 단순함이 이루어낸 위

인류를 우주로 가게 만든 코롤료프 박사.

대한 역사가 어지러울 만큼 가득했다.

박물관 한편에는 여성 우주 비행사들의 특집 코너가 있는데, 그곳에는 우리나라 최초 우주인인 이소연 박사의 사진도 걸려 있다. 3만 6,000명 중 최종 우주인 후보로 선발되어, 2008년 4월 8일부터 소유즈 호를 타고 간 국제우주정거장에서 열흘 동안 임무를 성공적으로 마치고 돌아온 그녀. 여기에는 '엄청난 돈이 들어가는 전시행정이 아닌가? 이런 이벤트성 행사로 우주개발이 되겠는가?' 하는 비판도 많다. 몇 년에 걸쳐 수차례의 실패 끝에 결국 나로과학위성을 싣고 날아오른 나로호도 그렇다. 인공위성을 우주로 보내는 데 가장 중요한 1단 로켓을 러시아의 앙카라 로켓을 사용했다고 해서, 러시아의 실험 대상으로 이용된 것 아닌가 하는 비판도 틀린 말이 아니다. 그건 서로의 이해관계가 맞는 러시아와 계약했던 최선의 방법이었지, 최상의 시나리오는 아니었다. 나도 우리나라 우주개발의 열렬한 팬으로서 그러한 비판을 들을 때면 그 이벤트가 가져올 수 있는, 아직은 눈에 보이지 않는 '파급효과'를 말할 수밖에 없었다. 시각을 조금만 바꾸면 비판은 건설적이 될 수 있는데, 보이지 않는 것들에 대해 말할 땐 조금 자신이 없어지는 것이 사실이다.

닿을 수 없는 것들에 대하여

러시아가 품어왔던 우주를 향한 꿈들이 모두 이루어진 것은 아니지만 분명히 인류의 우주개척사에는 러시아의 비중이 절대적이다. 세계 최초의 인공위성(1957년 스푸트니크 1호), 세계 최초의 달 탐사선(1959년 루나 1호), 세계 최초의 우주인(1961년 유리 가가린), 세계 최초의 우주정거장(1971년 살류트 1호). 모두 러시아 차지. 우주개발 역사는 실패의 역사라는 말도 있는데, 러시아는 그 찬란한 우주개발의 역사만큼 가장 많이 실패했던 나라이기도 하다.

박물관에는 러시아가 품었던 우주를 향한 꿈들의 흔적이 즐비했다. 우주 박물관 입구에서 가장 잘 보이는 곳부터 세계 최초의 인공위성 스푸트니크 1호와 세계 최초의 우주인 유리 가가린의 동상이 우주 박물관 입구에 들어선 이들을 압도한다. 우주정거장, 우주 과학 실험, 달 탐사선 등의 모형들 사이에서 마치 우주 공간에 서 있는 것처럼 만들어주는 박물관을 유유히 거닐다가 소유즈 호 캡슐을 쓰다듬으며 생각에 잠겼다.

그 우주 시대는 냉전 시대가 열어놓은 것이다. 우주개발에는 추진체, 즉 미사일이 가장 중요한 기술인데, 우주선을 자유자재로 쏘아 올린다는 것은 그만한 미사일 개발 능력을 갖추고 있음을 뜻한다. 이는 기술 싸움뿐 아니라 각국의 정치적인 동기로서도 유용하게 이용되었는데, 극단적으로 믿을 수 없는 일들을 이루어내는 것은 힘의 상징이기도 했기 때문이다. 그런 과정에서 급성장한 우주 기술들은 냉전이 남긴 유일하게 쓸 만한 유산인지도 모른다.

냉전 시대가 종식된 후, 더 이상의 폭발적인 우주개발은 닿을 수 없는 것들에 대한 끝내 이룰 수 없는 도전이었다. 천문학적 예산 투입에 대한 명분이 사라져버렸던 것이다. 여전히 세계 각국이 우주개발에 열을 올리고 있지만, 앞으로도 인류가 냉전 시대만큼 찬란했던 우주 역사를 만들어낼 수는 없을 것 같다. 우주 기술 강국의 면면을 살펴보면 대체로 대외적으로 시끄러운 일이 많았던 나라들이다. 평화로운 나라들은 우주개발의 동인이 부족했던 것이다. 물론 때로 꿈을 향해 가는 길에서 꿈을 이루었을 때보다 더 큰 소득을 얻을 수 있는 것처럼, 우주개발로 부산물로 얻은 발명품과 과학기술, 정신적인 것을 포함한 문

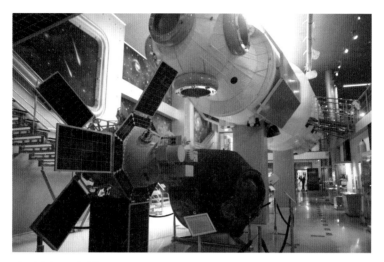

인공위성과 우주인 귀환 캡슐, 우주정거장 미르 Мир. 우주에는 러시아의 흔적이 가득하다.

화유산은 기념비적인 것이었다. 하지만 그런 위험을 감당할 만큼 강력한 동기를 가지기에는 많은 나라들이 먹고사는 일에 더 바빠졌다.

그럼에도 불구하고 우주 산업은 단순하게 지금 눈에 보이는 경제 논리만으로는 설명할 수 없다. 우주 기술은 의도했든 아니든 셀 수 없이 많은 부가가치를 만들어냈고, 누구나 닿을 수 있는 것에 대한 도전이 아닌 만큼 정신적인 가치도 엄청나다. 그래서 더 매력적이다. 사람들의 '꿈' 없이는 시작조차 어려운 일.

우주박물관에서 우주정거장 모듈도 몇 번이나 들어가 보고, 인공위성 관제센터에 한없이 앉아 있기도 하고, 박물관 안을 유영하듯 황홀하게 거닐다가 우주비행 기념관을 나섰다. 우주를 유영한 것 같은 여운에

잠겨 있는 동안, 여전히 당장이라도 날아오를 것 같은 모습으로 서 있는 유리 가가린 동상은 끊임없이 오가는 관람객들을 지켜보고 있었다. 관람 내내 동선이 비슷했던, 엄마 손 잡고 온 귀여운 러시아 소녀도 함께 입출구 게이트로 빠져나왔다. 그렇게 우리는, 자기 나라 할아버지들이 얼마나 대단한 일을 했는지 막 보고 나온 러시아 꼬마와 함께 인류 최초의 우주인과 작별 인사를 나누었다.

나는 어린 꿈 그대로 우주가 너무 좋다. 이유 없이 가슴을 설레게 하는, 무슨 선택을 하든 넘버원이었던 내 꿈. 닿을 수 없을 만큼 멀리 돌아가고 있지만, 그래서 더 아련하다. 순수한 러시아 사람들이 우주를 꿈꾸는 것 역시 사랑이라 부를 수 있을지 모른다. 닿을 수 없는 것들에 대한. 그건 정말이지 사랑 없이는 할 수 없는 일들이었다.

모스크바 강
유람기

●

by 준스키

"손님들 오시면 꼭 모스크바 강 유람선 타보시라고 추천해드리는데, 너희도 타볼래? 만족도가 굉장히 높아."

이노의 추천은 우리에게는 질문이라기보다 학습지의 맨 앞쪽에 적힌 학습 목표와도 같았다. 요즘 말로 '답정녀(답은 정해져 있고 너는 대답만 하면 돼)'와 같은. 러시아에 살아서이기도 했지만 원래 우리를 실망시킨 적 없는 친구였다. 대기업에서도 사람을 잘 알아보고 여기까지 보냈겠지.

저녁 무렵, 우리는 래디슨로열호텔Radisson Royal Hotel(구 '우크라이나호텔') 앞 선착장에 우릴 기다리던 천장 높은 하얀 2층 배에 올랐다. 이 '래디슨 크루즈Radisson cruise' 유람선은 두어 시간 동안 모스크바를 가로지르며 이 도시의 속살을 어루만지는 듯하다고 하여 여름 모스크바 여행의 필수 코스로 불린다. 고리키 공원, 엠게우(모스크바국립대학교), 크렘린 궁전, 붉은 광장, 성 바실리 대성당, 구세주 성당 같은 랜드마크뿐만 아니

라 곳곳에서 여유를 즐기고 있는 모스크비치들의 모습이란. 강에서만
만날 수 있는, 그야말로 시원한 강바람 같은 풍경이었다.

　유람선에는 여행객보다 데이트하는 연인과 러시아 가족들이 더 많
았다. 1층에는 고급스러운 레스토랑도 있었지만 우리는 바람이 통하는
2층 테라스에 올라 발티카 맥주를 주문했다. 그야말로 꿀 같은 여유의
맛. 유람선 레스토랑 식사가 비싼 건 이곳도 마찬가지라, 아르바트 거리
에서 저녁을 해결하고 오지 않았다면 파산할 뻔했다. 러시아에는 외식
비가 비싼 편이라고 하는데, 더구나 이 유람선에서 멀끔하게 차려입은
남녀가 이따금 웃고, 이따금 진지하며 왠지 격식 있어 보인다면 보통

자리가 아닐 터. 일부러 보려고 한 것은 아니었으나 시선을 끌어당기던 남녀가 있었다.

"봤어?"

"뭘? 혹시 저기 레스토랑에 시스루 입은 여자?"

"응. 패션쇼 사진에서만 봤는데 여긴 정말 패션의 도시구나."

"그런데 정장 입은 남자 보니까 소개팅하는 것 같아. 둘이 어색해."

"그치? 아까 메뉴판 가격표 봤어? 여기서 스테이크 써는 거 보니까 작정하고 나온 것 같은데."

우리가 뒷담화를 하든 어쩌든 아랑곳하지 않고 행복했을 그들을 비롯한 모스크비치들은 연인과, 가족과, 친구들과 함께 멋진 시간들을 보내고 있었다. 우리가 크루즈에 올랐던 시간은 저녁 8시. 크루즈가 한 바퀴 돌아올 때는 하늘이 서서히 어두워져 기가 막힌 야경을 볼 수 있었다. 번화가에서는 강가에 몇 개의 무지개가 섞인 듯한 불빛을 비추고 있었다. 해질녘 구세주 성당은 은은한 노을빛을 한아름 담고 있었고, 건너편으로 표트르 대제의 커다란 동상이 물길의 속도로 지나갔다.

"표트르 대제는 수도를 모스크바에서 상트페테르부르크로 옮기지 않았나? 모스크바에서 배신감 느꼈을 것 같은데, 이렇게 멋진 동상이 있네."

"표트르 대제가 생각보다 훨씬 대단해. 지금 러시아 국경선을 이 사람이 그었대. 기인이라고들 하더라. 네덜란드에 인부로 숨어 들어가 배 만드는 법, 의학, 별걸 다 배웠다던데. 진짜 부지런한 황제였던 것 같아."

수스키의 혼잣말에 택형이 덧붙였다. 제대로 된 함대를 만들고, 강

117

대국으로 가는 발판을 놓은 위대한 황제. 심지어 그는 치의술까지 배워서 선원들의 치아를 뽑았다고도 전해진다. 마취는 했으려나? 일순간 오금이 저렸다. 여하간 상트페테르부르크는 그런 표트르 대제의 상상이 구현된 도시라고 한다. 그것만으로도 느껴지는 넘쳐흐르는 낭만. 부지런한 데다 멋진 비전을 가진 황제라니, 저런 위풍당당하고 커다란 동상

이 있을 만도 하다.

　그런데 부지런한 표트르 대제는 서쪽으로 천도하면서 유럽 진출을 꿈꾸기라도 했지, 꿈이 없이 부지런하기만 한 지도자는 조직을 피곤하게 한다. 어둠이 내리던 유람선 갑판 위에서 감상에 젖어 문득 군대 시절 생각에 빠졌다.

모스크바 강을 내려다보고 있는 표트르 대제 동상. 300년 전 수도를 상트페테르부르크로 옮기게 해 200년 동안이나 모스크바에게 수도 자리를 빼앗은 인물이지만, 그의 위풍당당한 모습이 모스크바 강 한복판에 있다.

"나도 병장 때 부지런했어. 저녁에는 제일 먼저 청소하고 아침에는 제일 일찍 일어나서 '굿모닝 팝스'도 틀고. 사연 보내서 첫 번째로 소개된 적도 있었는데."

해병대 출신인 설뱀이 꼬집었다.

"야, 그건 민폐다. 후임들 무지 피곤하게 했겠구먼."

나는 발끈했다.

"아냐, 우리 부대는 진짜 화목했어. 우리만의 '스피릿'이 있었다고!"

꿈이라고는 전역 이외에 별다른 게 없던 선임들은 모두를 힘들게 했었다. 어차피 누구에게나 힘든 군 생활 아닌가. 나는 조금이라도 화목하고 부드럽게, 또 틈틈이 자기계발도 하는 분위기를 만들고 싶었다. 그건 제도나 관습을 넘어서 구성원들의 생각을 아우르는 공감대만 있다면 가능한 거니까. 다행히 그때 함께 군 생활했던 이들이 변함없이 '사람 재산'으로 남는 것이, 표트르 대제가 그토록 아름다운 '도시 유산'을 만들어놓은 것과 묘하게 비슷한 것 같아 혼자 뿌듯해졌다. 그는 단순히 도시를 건설해낸 게 아니라, 러시아 심장부에 저토록 크고 역동적인 동상처럼 끝없이 뻗어가는 러시아의 정신을 심어놓은 것이리라.

어느새 한밤중이 된 모스크바 강에는 노란 불빛만이 드문드문 나타났다 사라지고, 유람선 갑판 위에 나온 이들은 쌀쌀함에 담요를 두르고 나서기 시작했다. 색깔과 높이가 모두 달라 지루하지 않은 스카이라인 사이로 물살을 가르던 유람선이 더 이상 커다란 건물들 말고는 별다른 풍경이 눈에 띄지 않을 때쯤, 속도를 늦추었다. 배가 멈춘 선착장에는 스탈린 양식의 거대한 호텔이 빛을 내뿜어 반짝이고 있었고, 모스크바 강은 그 빛을 어딘가로 부지런히 실어 날랐다.

"내일은 모스크바 사람들이 즐겨 찾는 공원이 있는데, 거기 한번 가 볼래?"

집으로 돌아와 다시 만난 이노가 물었다. 유람선도 좋았는데, 안 가 볼 이유가 없었다. 답은 정해져 있고 우린 대답만 하면 됐다.

"좋아!"

모스크비치들은
이렇게 놀지

●

by 수스키

바람이 살랑살랑 부는 모스크바의 아침. 새벽같이 일어나 소중한 몸
뚱이에 연료를 넣기 위해 또 한 번 먹을 곳을 찾아본다. 이번엔 떼레목
Tepemok이다. 여행하면서 두고두고 마주친 러시아식 패스트푸드. 러시아
판 김밥천국이랄까? 이곳에선 '블린'이라는 러시아 전통 팬케이크를 판
다. 브런치 메뉴로 딱 알맞은 블린! 계란을 반죽해 만든 팬케이크 위에
는 치즈, 닭고기, 연어알, 캐비어 등이 들어가는데, 보통 한 가지 재료를
이용해 크레페처럼 만든다. 나는 치즈, 준스키는 초코시럽, 택형은 사과
잼이랑 계피가루가 들어간 블린을 시켰다. 그리고 설뱀은 도저히 어울
릴 것 같지 않은, 생선 알이 몽글몽글 들어간 놈을 시켰다. 도전해보려
는 심산이었다.

그러나 아쉽게도 그 도전은 실패했다. 설뱀의 표현을 빌리자면, 멸
치젓으로 양치질을 한 기분이라고 했다. 아무리 물을 마셔도 비릿한 향

이 입에 접착제처럼 달라붙어 떨어지지 않는다고 말이다. 결국 우리 네 명은 사이 좋게 세 개의 블린을 나눠 먹었다. 특히 택형의 사과잼 블린이 일품이었다. 블린블린! 뭔가 입에서 반짝거릴 것 같은 팬케이크를 씹으며 모스크바 거리를 걷는다. 지하철역까지 가는 한산한 도로. 사이사이 나무들이 제법 많다. 모스크바는 막연히 삭막할 것 같은 느낌이었는데, 도시 중간중간에 공원이 있었다.

"우리가 가려는 곳도 이런 곳인가?"

수풀이 우거진 곳을 보며 말을 뱉어보지만, 대답해줄 수 있는 사람은 없다. 우리 모두 초행길이니까. 뭉게뭉게 상상을 하며 지하철에 오른다. 목적지는 악짜브리스까야_{Октябрьская} 역. 5호선과 6호선이 교차하는 환승역이다. 러시아는 같은 역이라도 호선에 따라 출구가 아예 따로 떨어져 있다. 그래서 어디로 나가야 할지 긴장의 끈을 끝까지 놔서는 안 된다. 오늘 우리가 내릴 곳은 5호선 쪽 출구다.

남자 넷이 공원이라니. 어쩐지 좀 쑥스러운 구석이 있다. 그럼에도 고리키 공원을 선택한 이유가 있었다.

"모스크비치들은 뭘 하면서 놀지?"

여행 전 택형이 문득 던진 질문. 우리 모두는 궁금해졌다. 그리고 어렴풋이 그 답을 그려보았다. PC방, 북카페, 멀티플렉스 극장 등이 촘촘히 박힌 서울에서와 달리, 그들은 공원으로 모였다. 편의시설이 워낙 잘 되어 있는 탓이기도 했다. 공원은 데이트 장소임은 물론, 비치발리볼을 하거나 오리보트를 타는 곳이기도 하고, 무료 요가 교실이나 댄스 교실 등 공개 강연이 펼쳐지는 장소이기도 했으니 말이다. 그런 공원 중 우리가 가려는 '고리키 공원'은 모스크바에서 가장 많은 이들이 찾는 대표적 명소였다.

"잠깐 '고리키'가 혹시 그 작가 '고리키'를 말하는 건가?"

설뱀이 묻는다. 딩동댕! 러시아의 유명한 작가 막심 고리키의 이름을 따 지은 곳이라고 하니, '못 해도 이름값은 하겠지.'라는 기대감이 피어오른다.

모스크바 강과 나란히 난 길을 따라 걸으면 무려 3킬로미터나 이어진다는 공원. 이곳의 입구를 귀신같이 찾아내 들어가는 것도 쉬운 일이 아니다. 좋은 날씨만큼 많은 이들이 북적이는 입구에 도착하니, 아치형 돌문이 있다. 묵직한 문을 통과하자 듣던 대로 수백 년은 족히 됨 직한 나무들이 보이고, 호수엔 오리와 오리보트가 같이 떠다닌다. 도심 한복판에 이런 공원이 있다니.

"어? 저게 뭐지?"

제일 눈에 띄는 건 다름 아닌 잔디밭 곳곳에 있는 쿠션이었다. 서너 명이 누워도 될 만한 퀸사이즈 크기의 형형색색 쿠션들. 침대로 써도 손색이 없을 법한 빵빵한 쿠션이 풀밭 여기저기 놓여 있는 모습이 신기방기하다. 우리나라에서는 풀밭에 돗자리를 펴거나, 좀 극성스런 사람들은 준비해 온 텐트를 펴기도 하는데, 공원에서 자체적으로 폭신한 쿠션을 준비해주다니. 무릎을 탁 칠 만큼 통쾌한 광경이었다.

모스크비치들은 그곳에 누워 해바라기를 했다. 이어폰을 꼽고 음악을 듣는 이들도, 누워서 책을 보는 이들도 있었다. 아무것도 안 하고 늘어지게 잠을 자는 이들도 있었다.

▲ 고리키 공원의 잔디밭. 깔롱
지게 예쁜 쿠션이 편하기까지
하다. 공원을 거닐다 지칠 때
누워보자. 누군가 빽허그를 해
주는 것 같은 편안함은 이미 그
대의 것.

"아, 나도 한번."

한참을 기다려 겨우 빈 쿠션을 찾아 살짝 걸터앉아 본다. 소심하게 누워보니 웃음이 삐익 나온다.

"야, 나도 나도!"

초등학생들이 놀이기구 타듯이 우리는 서로 한 번씩 누워보겠다고 순서를 다퉜다. 그렇게 한참 쿠션놀이를 하다 보니 아침에 이노가 한 말이 떠올랐다.

"오늘은 날씨가 그렇게 덥진 않네."

공원으로 향하는 우리에게 이노가 건넨 마지막 말이었다.

"원래 해가 반짝 뜨면, 공원에선 전부 다 수영복만 입고 누워 있다 아이가."

"수영복만?"

그랬구나. 이곳이 그런 곳이구나. 이노가 날씨 탓을 하며, 그렇게 연민의 눈빛으로 바라봤던 의미를 이제야 알겠다. 날씨가 좋았으면 어땠을까. 형형색색의 쿠션 위에 비키니를 입은 모스크비치들이 강물같이 들어차는 상상을 하며 오늘의 날씨를 저주했다. 사실 며칠 뒤 러시아를 여행하며 자연스럽게 확인한 것이지만, 러시아의 공원엔 일광욕을 즐기는 이들이 많다. 꼭 고리키 공원이 아니더라도 크고 작은 공원에서는 어김없이 푸른 잔디에 벌러덩 누워 있는 이들을 쉽게 볼 수 있었다. 남녀노소 수영복을 입거나, 심지어 그마저도 입지 않은 이들도 있었다. 햇빛이 귀한 나라다 보니, 겨우내 기다렸던 햇빛을 원 없이 쏘이려는 심산인 것 같았다.

"그래도 볕이 따갑진 않나?"

한국에서 온 소심남들은 그늘에 앉아, 혹시나 살이 탈까 선크림을 사이좋게 나눠 바른다.

사실 이곳은 몇 년 전만 하더라도 낙후된 놀이동산이었다고 한다. 소련 시절에 지어져 먼지가 쌓이고 녹이 슬어 곧 무너질 것 같은 놀이 기구가 즐비한 그런 곳 말이다. 그러던 곳이 2011년 대대적인 리모델링을 통해 완전히 새롭게 태어났다. 한 러시아 기자는 이곳을 모스크바 '힙스터들의 성지'라는 표현으로 극찬하기까지 했을 정도다. 분수대 옆으로 자전거, 킥보드, 스케이트보드 등이 뒤섞여 속도를 내고 있었다.

한쪽으로는 모래를 쌓아 모래사장을 만들어놨다. 해변은 아니지만 호수를 바라보며 비치발리볼을 할 수 있는 곳이었다. 도심 한복판에 이런 곳이 있다니, 나름의 운치를 만들어내는 코트에서 한참이나 경기를 지켜봤다. 그리고 누가 이길지 아이스크림 내기를 걸었다. 꽥꽥 소리를 질러가며 생판 모르는 가슴에 털 난 러시아 아저씨를 응원했건만, 결과는 참패. 보통 이런 내기는 내기를 하자고 한 사람이 꼭 지기 마련이라는 속설을 증명이라도 하려는 듯. 결국 아이스크림 값은 내가 계산했다. 승부에 밀리고 나서 먹는 떨떠름한 아이스크림은 유난히 맛이 없다.

한쪽에서는 테라스를 만들어, 샤슐릭을 서빙하고 있었다. 샤슐릭 굽는 연기가 자욱하게 피어오른다. 연기 속에서 꼬치를 뜯으며, 보드카를 마시는 이들의 모습이란. 이곳은 무엇을 하기 위해 오기도 하지만 무엇이든 할 게 없을 때 오는 모스크비치들의 놀이터인 것 같다.

그렇게 산책을 하거나, 누워서 책을 읽거나, 때론 비치발리볼을 해도 좋겠다. 운이 따른다면, 야외 공연장에서 민속음악 공연이나, 서커스를 볼 수도 있다. 놀라운 건, 겨울이 되면 이 넓은 잔디밭이 썰매장으로 변해 썰매를 즐길 수도 있다고 하니, 그야말로 세계 최대 규모의 자연 스케이트장이 되는 것이다.

"그런데 서울엔 왜 이런 공원이 없을까?"

그늘에 앉아 입맛을 다시던 준스키가 입을 열었다.

"아냐, 우리도 있어. 서울숲? 서울대공원?"

내가 말하고도 조금 민망해진다. 사실 서울의 공원은 규모나 시설 면에서 이곳과 비할 바가 못 된다. 그리고 어딘가 모르게 섹시한 저 쿠션도 없다.

"만약에 서울에 이런 공원이 있으면 자주 갈까?"

준스키의 갑작스런 질문에 뭐라 대답을 해야 할지 잘 모르겠다.

"공원이 없는 게 아니라 여유가 없는 거겠지."

엉겁결에 대답한 말이지만 마음이 편치 않다. 광화문 바로 앞에서 수 년간 근무하면서, 광화문 안으로 거의 들어가 보지도 못한 경험이 떠올랐다. 기막히게 멋진 공원과 그 속에 어우러진 공짜 편의시설. 그것보다 가장 부러운 건 그 속에서 시간을 보낼 수 있는 여유였던 것 같다.

"그런데 몇 시지?"

여유가 없는 우리는 여행 스케줄도 여유 없이 쫓긴다.

모스크바 강을 끼고 있는 강변 테라스.

솜사탕
소녀

by 준스키

러시아는 확연한 여초 국가다. 그런 성비 때문에 남녀 관계에 있어서도 상대적으로 여성이 조금 더 적극적이라는 말도 있을 정도. 세계대전 참전으로 성인 남성의 숫자가 급감한 것, 절주령이 있었을 만큼 심각한 음주 문제로 남성의 수명이 단축된 것 등이 원인이라는 분석도 있다. 원인이 어쨌건, 실제 성비가 어쨌건 모스크바 어느 거리에서도 여성이 왠지 더 많이 걸어다니는 건 사실이었다. 공원에서는 두말할 것도 없이.

　모스크바의 여유를 맛볼 수 있는 명소로 노보데비치 수도원과 칼로멘스코예 교회가 있다. 모두 유네스코 지정 세계문화유산. 모스크바 남서쪽, 모스크바 강 가까이에 자리한 노보데비치 수도원에 있는 한적한 호수는 차이콥스키가 '백조의 호수'를 작곡할 때 영감을 얻었던 바로 그 호수라고 한다. 차이콥스키는 이 호숫가에서 불멸의 선율을 작곡해 냈지만, 비슷한 공간에서 나는 백조의 호수 대신, 김성호의 '웃는 여잔

다 이뻐'를 흥얼거렸었다.

하지만 뭐니 뭐니 해도, 모스크비치들의 대표적인 쉼터는, 사람들로 북적이고 활기가 넘치던 고리키 공원이었다. 축제 기간이 아니었는데도 축제 같은 공원. 하늘에 흐린 먹구름이 이따금 지나가고 있어 살짝 쌀쌀함이 스쳤지만 언제나처럼 공원에 누워 노닥거린다는 모스크비치들을 막을 수는 없었다. 푸른 잔디 위에서 햇살을 받으며 톨스토이 후예들이 책을 읽는 모습은 '여유'라는 단어를 떠올렸을 때 꼭 등장할 법한 딱 그런 이미지. 초록 잎사귀들을 스치는 공기의 촉감을 톨스토이, 도스토옙스키, 푸시킨과 똑같이 느낄 수 있다는 건 정말 부러운 일이 아닐 수 없다.

고리키 공원을 나와 모스크바 강과 하늘 높이 솟은 나무들 사이로 난 길을 바삐 걷는 동안, 길에서 솜사탕을 파는 소녀들이 눈에 띄었다. 분홍 자전거에 달린 분홍 솜사탕 기계! 보기만 해도 향긋한 분홍 솜사탕은 이 어여쁜 공원에 너무도 잘 어울리는 아이템이었다.

"인터뷰해볼까?"

우리는 솜사탕 소녀에게 다가가 기자처럼 말을 걸어보기로 했다. 러시아 친구를 만들어볼까 하고 호시탐탐 기회를 찾고 있던 참이었다. 큰 건물이나 오래된 유적보다 현지 사람들과 현지 문화를 느껴보자는 건 우리의 여행 목표이기도 했다.

모스크바를 휘저으며 놀랐던 것은 남녀노소를 불문한 러시아인들의 호의. 무뚝뚝해 보이던 그들의 속내는 경상도 사나이의 뒷주머니에 숨겨진 장미꽃 같았다. 한국이건 중국, 일본이건 상관없이 동양인에 대한 유러피언들의 업신여김은 익히 들어왔던 터라 러시아에서 느낀 따뜻한 눈빛은 감동적이기까지 했다. 게다가 러시아인들이 영미권 문화에 대한 동경도 있어, 영어를 쓰면 조금 더 멋있게 본다는 이야기를 들은 적도 있다. 러시아인들에 대한 경계심이 풀린 지도 오래다.

우리 넷 모두 목에 커다란 카메라를 메고 있어 기자라고 해도 믿을 법했다. 해보지 않은 일에 대한 후회가 더 크다는데 망설일 이유도 별로 없었다.

"안녕하세요! 우리는 끼레이(한국인) 기자들입니다. 인터뷰해도 될까요?"

잠시 당황하면서도 짐짓 재미있어 하는 표정. '수줍은 미소'라고 표현할 수 있을 것 같은 미소가 보이자 우리는 자신 있게 말을 이어갔다. 기자답게 사진도 찰칵찰칵 찍어가며.

"이름이 뭐예요?"

"저는 까챠고요, 얘는 올랴예요."

올랴는 영어를 잘했지만, 까챠는 말을 걸면 수줍은 듯 올랴에게 되묻곤 했다. 아마 분홍 앞치마를 걸친 올랴가 나와서 일하는 동안 절친 까챠가 도와주는 것 같았다.

"학생으로 보이는데, 방학이에요?"

"네. 방학이어서 아르바이트하고 있어요. 우리는 열일곱 살 대학생이에요."

잉? 열일곱 살인데 대학생? 러시아의 의무교육은 만 7세부터 시작해서 11년이라고 한다. 러시아도 우리나라처럼 대학에 대한 열망이 높

핑크 자전거에 핑크 솜사탕을 팔고 있는 올랴. 손님 옷도
핑크. 올랴 미소도 핑크. 온통 핑크핑크.

아 교육열이 높다. 모스크바국립대학교는 러시아의 서울대인데, 이런 좋은 학교를 선택하기 위해 의외로 고액 과외와 같은 사교육 시장도 크고, 문학과 기초과학의 나라라는 것이 무색하게 요즘은 법학, 경제학 등 실용적인 전공이 더 인기 있다고 한다. 까챠와 올랴가 어느 학교를 다니는지, 전공이 뭔지 궁금하기도 했지만 나도 모르게 그런 걸로 이들을 평가하게 될까 봐 애써 묻지 않았다. 대신 이 화사한 솜사탕 자전거 기계로 얼마나 버는지 더 알고 싶었다.

"하루에 몇 명이나 와서 사 가요?"

"음, 100명 정도?"

하나에 100루블, 100명이 사 가면 매출은 35만 원 정도다. 괜찮은 일당 아닌가! 알고 보니 고리키 공원 곳곳에 비슷한 콘셉트 솜사탕이나 아이스크림을 파는 리어카 자전거가 많이 보였다. 그 리어카들은 같은 가격표를 사용하는, 일종의 체인점이었다. 그러고 보니 망나니 같은 비렁뱅이도, 번잡스러운 노점상도 보이질 않았다. 이렇게 공원이 잘 관리되고 있는 건, 그런 절제된 자유 덕분인지도 모르겠다. 이토록 자유분방해 보이는 공간에 여전히 남아 흐르는 듯한 사회주의의 향기가 섬뜩하기도 했지만.

"이 솜사탕 자전거를 집에서 타고 온 거예요?"

"네. 집이 이 근처예요."

"솜사탕 사 가는 사람들은 러시아인이 많아요, 외국인이 많아요?"

"우리나라 사람이 더 많아요."

부지런한 소녀들이 풍기는 아우라에는 푸른 청춘의 미소가 녹아들어 있었다. 누구라도 끌어들일 수 있을 법한. 이야기 나누는 동안에도 손님들이 수없이 오가며 솜사탕을 사 가려 하는데, 소녀들은 우리의 이야기에 귀를 더 기울이는 탓에 오히려 우리가 인터뷰를 멈추고 호객 행위도 했다. 솜사탕 하나 더 파는 것보다 마음을 열고 우리와 이야기하는 것이 더 소중하다고 말하는 것 같아 더 감동적인 여행의 순간.

올라에게 커다란 솜사탕을 두 개 달라고 했다. 이 정도 지출은 행복에 플러스되는 거라 생각하며. 군것질 메뉴를 정할 땐 의견이 분분한 우리지만 이번엔 모두 같은 생각이어서 아무도 군말이 없었다. 삼촌 인터뷰어들은 솜사탕을 맛있게 먹어 보이며 지나가는 사람들에게 "딜리셔스 코튼 캔디!"를 외쳤다. 다 먹을 때까지.

여행하면서 새로운 사람을 만나 가장 좋은 건, 마음과 눈빛을 나누는 순간이다. 여행은 그 순간의 행복을 찾아가는 여정인데 그 길이 어찌 설레지 않을 수 있을까. 어쩌면 일상이 재미없어진 것은 설렘, 알 수 없는 그 떨림이 사라졌기 때문인지도 모른다. 그걸 다 알아버리지도 않았는데, 그만 잃어버린 탓인지도. 어느샌가 세상에 뿌려진 수많은 설렘들과 준비 없는 이별을 했다. 남들 따라 어른 노릇하느라 그렇게 청춘의 순간이 지나가버리고 있음을 느낄 땐 먹먹하게 가슴이 시리다. 소설 《은교》에서 노 선생님이 "너희의 젊음이 노력해서 얻은 상이 아니듯, 나의 늙음도 잘못으로 받은 벌이 아니다."고 한 것처럼, 젊음이 그대로 칭찬받을 상은 아닐 것이다. 여하간 정말 좋은 것.

모스크바 강을 따라 길게 펼쳐진 모스크비치의 쉼터, 고리키 공원. 우리에겐 모스크바가 그리워질 때면 떠오를 그리움의 실체가 되어버린 곳. 그곳엔 모스크바에서 눈부신 한철을 보내고 있던 솜사탕 소녀들과 서울에서 어른 노릇하느라 지쳐 있던 우리의 청춘이 있었다.

이즈마일롭스키 시장 Измайловский рынок

이즈마일롭스키 시장과 이어지는 아름다운 작은 성, 이즈마
일로보 크레믈(Кремль в Измайлово).

모스크바에서 러시아 기념품을 사려면 이즈마일롭스키 시장에 가보자. 러시
아식 털모자로 유명한 '샤프카'에서부터 각종 중고 물품, 심지어 2차 세계대
전 때 쓰던 군용 물품까지 있어야 할 건 다 있고 없을 건 없는 러시아판 기념
품 화개장터. 종류도 다양하지만 그보다 가격이 참 착해서 관광객뿐 아니
라 현지인도 많이 찾는다고 한다.

작은 마을처럼 성벽으로 둘러싸인 공간 안에 놀이동산과도 같은 분위기의
알록달록한 건물들이 있다. 그리고 곳곳에는 러시아의 온갖 특산품이 다 모
인 것처럼 목조 부스들이 늘어서 있는데, 그중에는 역시 갖가지 모양의 마트
료시카를 파는 부스가 가장 많다. 그 밖에도 박물관 및 아름다운 건축물들을
구경할 수 있으니 시간을 내어 방문해볼 만한 가치가 있다.

폭주족의 놀이터,
참새언덕

●

by 수스키

부아앙! 부아앙! 부다다다다!

묵직한 오토바이 소리. 먹으면서 슬쩍 느꼈지만 이 동네 분위기, 뭔가 예사롭지 않다. 길 옆으로 삼삼오오 모여 있던 펑키한 이들의 옷차림. 그리고 날이 어두워지자, 점점 더 모이는 오토바이들. 한 대, 두 대도 아닌, 여기저기 돌비 서라운드로 들리는 할리데이비슨 소리가 참으로 부담스럽다. 중저음의 엔진 소리가 어둠 속에서 합주하는 이곳은 바로 '참새언덕Воробьёвы горы(보로비요비 고리)'. 앙증맞은 이름과는 어울리지 않게 이곳은 모스크바 폭주족의 베이스캠프였다.

"어우 오토바이 진짜 많네!"

준스키가 말했다. 세계 곳곳을 두루 다녀본 녀석이라 웬만한 진풍경을 보고도 크게 놀라지 않을 텐데 그도 놀라고 있는 게 분명하다. 사실, 이곳에 모인 폭주족들 중에는 모스크바의 신흥 부호 세력이 많다고 한다. 성공한 사업가나 의사 등 소위 잘나가는 사람들이 꽤 있다는 말이다. 할리데이비슨이나 BMW 같은 고가의 바이크들이 유독 많이 보이는 이유다.

"근데 하필 왜 여기 다 모이지?"

택형이 생각지 못했던 광경에 고개를 두리번거린다. 그러게 말이다. 참새언덕에 오면, 오토바이 엔진오일을 무료로 교체해주나? 아니면 타이어 공기압 체크를 공짜로 해주나?

그저 야경을 보기 좋은 곳이라고 해서 왔을 뿐인데, 땅이 울릴 정도로 많은 오토바이 본 게 더 큰 볼거리가 됐다. 아마도 거친 폭주족 형님들도 야경을 상당히 좋아하는 감성 폭주족인가 보다.

사실 참새언덕은 모스크바에서 가장 높은, 그러니까 서울로 치면 남산과도 같은 곳이다. 모스크바 야경을 보기엔 안성맞춤인 셈이다. 안성맞춤이라고는 하지만 이곳의 고도는 200여 미터에 불과하다. 타워팰리스가 260여 미터, 제2롯데월드가 550여 미터임을 감안해보면, 낮은 높이다. 이곳이 참새 '산'이 아니라 참새 '언덕'이라고 이름이 붙은 이유이기도 하다. 아무렴 어때. 산이든 언덕이든 가까이 다가서자 저 멀리 모스크바 시내가 한눈에 보인다. 왼쪽부터 키예프 역, 우크라이나 호텔, 노보데비치 수도원 등이 있고, 우측에는 우리가 갔었던 고리키 공원도 있다.

"와, 진짜 시원하다."

발코니처럼 되어 있는 뷰포인트에서 시내를 바라보자 맞바람이 불어온다. 여름이라고 하기엔 조금 쌀쌀하게 느껴질 정도로 시원한 바람

이다. 모두 다 앞머리가 바람에 빗자루처럼 서서, 뭐가 그리 좋은지 키득거리며 카메라 셔터를 누른다. 사실, 참새 참새 하지만, 원래 이곳은 구소련 시절 '레닌 언덕'으로 불렸다. 혁명 영웅 레닌의 업적을 기리기 위해 여기저기 레닌의 이름을 가져다 붙이던 시절. 이 언덕도 그중 하나였던 셈이다. 그러던 것이 소련이 붕괴되며 본래의 이름이던 참새언덕으로 개명되었다.

"아니 근데, 참새는 어디 있는 거야?"

밤이라 다 자러 갔는지. 오토바이 소리에 놀라서 다 날아가 버렸는지. 참새언덕이라는 말이 무색하게 한 마리도 보이지 않는다.

"참새면 어떻고, 레닌이면 어때."

모스크바의 예쁜 야경만큼은 변하지 않는다는 사실이 이 순간 가장 중요한 것이었다.

발코니 뒤쪽으로는 병풍과도 같은 우람한 석조건물이 서 있다. 바로 러시아 최고의 국립대학, 'M. V. 로모노소프 모스크바국립대학교'다. 무슨 이름이 이렇게 길고 휘황찬란한지, 보통 줄여서 '엠게우'로 부른다. 높이가 240여 미터, 폭이 450미터. 45,000개의 강의실이 있으며, 강의실을 빠짐없이 살펴보며 건물을 다 돌려면, 무려 145킬로미터를 행군해야 한다. 실수로 강의실 잘못 들어갔다간 인대 늘어나게 걸어야 할지 모르니, 학생들이 강의실 하나만큼은 칼같이 찾아갈 것 같다.

재미있는 점은 이 대학교와 똑같이 생긴 건물이 여러 채 있다는 점이다. 저 멀리 마주보고 있는 래디슨로열호텔도 그중 하나다. 스탈린의 명에 의해 똑같은 모양으로 지어진 건물들, 이른바 '스탈린 시스터스'다. 그중 모스크바대학교가 규모 면에서 단연 으뜸이다. 북미권에 있는 대학은 물론 우리나라도, 잔디밭이 펼쳐지는 넓은 캠퍼스에 높지 않은 건물들이 서 있는 게 일반적인데 이곳은 더 높게, 더 웅장하게 말 그대로 상아탑을 쌓아 올렸나 보다. 안톤 체호프, 칸딘스키가 이 학교를 졸업했으며, 우리에게 잘 알려진 박노자와 황장엽도 이 학교 출신이다. 그뿐 아니라 노벨 평화상을 수상한 고르바초프를 비롯해, 화학상, 물리학상 등 다수의 노벨상 수상자들이 졸업한 명문 대학교인 셈이다.

"그냥, 저지르는 거야"

그런데 사실 내 관심을 끄는 건 그렇게 걸출하게 공부 잘하는 사람보다, 공부 잘하다가 딴 길로 빠진 사람들이다. 굳이 말하자면 스티브 잡스형 인재랄까. 대표적인 사람이 이 대학 출신 안톤 체호프다. 그는 1879년 모스크바국립대학 의학부에 입학하고 졸업 후 의사가 된다. 모스크바 근교에 병원을 개업하고 환자들을 돌보지만, 그러면서도 꾸준히 집필 활동을 했다고 한다. 몇 해나 지났을까. 그는 결국 전업 작가의 길을 선포한다. 그가 의사로 살았다면 〈바냐 아저씨〉나 〈갈매기〉 같은 그의 작품이 세상에 태어날 수 있었을까?

"오 준스키. 너랑 디게 닮았다. 치과의사 계속할 거야? 때려치우고 등단해."

내 얘기를 곰곰 듣던 설뱀이 준스키를 충동질한다.

"응? 형 내 마이너스 통장은 형이 해결해주는 거지? 크크."

"아, 베스트셀러 되면 해결 안 될까? 크크."

체호프뿐만이 아니다. 한 명 더 있다. 바로 차이콥스키. 그는 법률학교 출신 법무성 관리였다. 이 학교 출신은 아니었지만 그 또한 공부깨나 하면서 나름 탄탄한 직업을 가지고 있던 셈이다. 그러다가 음악으로 급선회. '백조의 호수', '호두까기 인형', '잠자는 숲 속의 미녀' 등과 같은 불후의 명작을 창조해낸다. 그가 음악사에 미친 영향을 생각해볼 때,

직장을 때려치운 게 얼마나 다행인지 모른다. 그렇게 음악적 감수성과 창의력이 폭발하는 사람이, 법무성 관리라니. 지드래곤이 회계법인에 들어가는 것만큼 안 어울리는 일이다.

"역시 사람은 지가 하고 싶은 걸 해야 된다니까."

예나 지금이나 그 불문률은 그대로 통하는 것 같다. 그 단순한 진리를 실천하지 못해 우리는 고민만 하면서 여기까지 왔지만 말이다.

"그래도 그런 용기가 대단하네. 다들 직업도 탄탄했구만."

택형이 말한다. 택형이야말로 직장도 그만둬 보고 배포 하나 끝내주는 사람인데, 그런 말을 하는 거 보니. 손에 쥐고 있는 걸 내려놓는다는 게 보통 어려운 일이 아닌 것 같다. 그렇게 하고 싶은 일에 대한 열망의 크기와 기회비용의 크기. 진짜로 하고 싶은 일이 뭘까에 대한 확신들이 하나하나 대차대조 되며 오늘도 주저하게 만드는 것 같으니 말이다.

"자, 봐봐, 미래는 아무것도 알 수 없는 거야. 체호프가 의사 때려치우면서, 길이 남을 작품 쓸 걸 예상했겠냐. 차이콥스키가 법무성 관리 관둘 때 '백조의 호수' 만들 걸 예상했겠냐고. 그니까 지금 상황에서 머리 굴려봤자 다 필요 없는 짓이라 이거지. 우선은 저지르는 거야."

저지르는 것 하나는 끝내주게 잘하는 설뱀이 백 번 들어도 맞는 말을 한다. 말로만 들으면 물파스처럼 시원하기까지 하다. 사실 그는 석사학위를 밟다가도, 아니다 싶은 순간에 확 접어버리고. 한 번도 안 해본 분야인 다큐 제작에 뛰어들기도 하는 등 직장에 매여 있는 내가 보기엔 참 지 하고 싶은 대로 다 하면서 사는 멋진 사람이다.

이 학교를 다니는 그 어느 누군가도, 잠시 공부를 하다 이곳 참새언덕까지 내려오지 않았을까. 머리를 식히러, 시원한 바람을 맞으러 말이다. 그러다 문득, 일생일대의 중요한 선택을 하게 될지 모르겠다. 자신의 업을 급선회할 정도의 결정을 말이다. 그런 결정을 하는 데 참새언덕의 선선한 바람은 꼭 필요해 보인다.

"에효. 맥주나 까자. 사실 그 사람들이야 천재들이고. 음악 한다고 다 차이콥스키 되면, 연예기획사의 지망생들은 다 비욘세 됐겠지."

설뱀이 말한다. 앞서 말한 게 민망했던지. 정반합의 결론을 내려고 한다. 이상은 너무 멀고, 현실은 너무 까끌까끌하고. 스스로 납득할 수 있는 자신만의 길을 찾는 게 가장 중요한데 그게 어디 쉽다면 인생을 너무 우습게 보는 거겠지. 일단 지금은 바람이나 쏘일란다. 모스크바대학의 이름 모를 한 학생이 우리의 대화를 듣는다면 어떨까. 어차피 한국말이라 알아듣는 사람은 아무도 없겠지만 지금도 고민하고 있는 이들을 위해 우리는 또 한 잔 기울였다.

즉석에서 그래피티를 선보이는 참새언덕의 아티스트.

주변엔 우리처럼 음료나 맥주를 마시는 사람들이 꽤 있다. 서서 먹는 스탠딩 파티 스타일이다. 그 통에 먹을 것과 야광 팔찌, 폭죽 등을 팔며 수입을 챙기

아름다운 야경을 배경으로 풍
등을 날리는 모스크비치들.

는 사람도 있다. 그리고 사람이 모이는 곳이면 빠지지 않고 어김없이
등장하는 춤과 노래도 있다. 길에서 펼쳐지는 버스킹과 무료 공연이다.
특히나 세계 관광지 어딜 가나 브레이크 댄스는 꼭 있는 것 같다. 한 남
자가 퍽퍽 관절을 꺾어가며 댄스를 춘다. 브레이크댄스의 챔피언 국가
에서 온 우리는 그 정도의 댄스를 보고서는 감탄하지 않기로 한다.

"그래, 어디 저 정도 꺾어서 말년에 케토톱이라도 한 장 붙이겠냐?"

저 친구에게도 진로에 대해서 다시 한 번 얘기해줘야겠어. 돌아서자
고 하려는 차에, 준스키가 소리친다.

"어? 저거 풍등 아냐?"

험상궂게 생긴 수많은 폭주족들 사이에서 한 커플이 예쁘게 풍등을
날린다. '그르릉 그르릉' 걸쭉한 오토바이 엔진 소리에 리듬이라도 맞
추는 듯. 풍등은 사뿐히 날아갔다. 가만 보니 다른 쪽에서도 풍등을 날

린다. 어딘가 풍등을 파는 노점이 있나 보다. 폭주족을 배경으로 한 아름다운 야경. 그리고 뭉게뭉게 떠오르는 풍등을 보며. 이 어울릴 것 같지 않은 조합에 야릇한 매력이 있다고 생각했다. 오토바이 소리가 지축을 흔들던 러시아의 밤. 어느샌가 난 그 속으로 깊숙이 들어와 즐기고 있었다. 날아오르는 예쁜 불빛을 직접 보게 된 라푼젤처럼. 그렇게 한참을 멍하게 날아오르는 풍등을 보고 있었다. 이 기분이 오래오래 기억되길 바라며 말이다.

낯설게만 보이던 참새언덕이 조금은 편안해졌을 무렵. 그렇게 모스크바의 깊은 밤이 또 한 번 지나고 있었다.

▲ ▲ ▲ ▲ ▲ ▲ ▲ ▲
모스크바의 일곱 자매

미·소 냉전 시대가 참 여러 가지로 영향을 미쳤는데, 그중 마천루 경쟁도 빼놓을 수 없다. 2차 세계대전 후 스탈린은 모스크바의 순환도로와 간선도로가 만나는 주요 지점마다 랜드마크가 될 만한 건축물을 세웠다. 그렇게 총 일곱 개의 고딕 양식 건물이 지어졌는데, 이들을 일컬어 이른바 '스탈린 시스터스'라고 한다. 각각의 건물들은 매우 흡사하게 생겼으나 조금씩 다른 구석이 있어 그 차이를 발견하는 재미도 쏠쏠하다. 현재 이 건물들은 여전히 호텔, 학교, 행정기관 등으로 사용되고 있으니 모스크바를 여행하며 이들을 하나하나 찾아보는 건 어떨까?

참새언덕의 모스크바국립대학교, 스몰렌스카야 광장의 외무부, 쿠투조프스키 대로의 래디슨로열호텔, 콤소몰스카야 광장의 레닌그라드스카야호텔, 교통부, 문화인 아파트, 예술인 아파트, 이렇게 총 일곱 개 건물이다.

1. 모스크바국립대학교
2. 외무부
3. 래디슨로열호텔(구 우크라이나호텔)
4. 레닌그라드스카야호텔
5. 교통부
6. 문화인 아파트
7. 예술인 아파트

146

서커스장에서
대동단결

●

by 준스키

처음에는 볼쇼이 극장에서 열리는 공연을 보고 싶었다. 하지만 극장 앞에 가보니 공연 표는 한 장도 남아 있지 않았었다. 우리는 암표를 구해보느니, 러시아 발레 못지않게 유명하다는 모스크바 서커스를 보러 가기로 했다. '우니베르시떼뜨 역' 근처에 있는 러시아 국립 서커스 극장으로 향했다. 무려 40년이 넘는 역사를 자랑하는 극장.

가까스로 공연 시간에 맞추어 도착하고 보니, 서커스장다운 특이한 외관에 3,400석 규모의 커다란 원형 공연장이 우리를 압도했다. 어마어마한 공연장을 가득 메운 이들은 여행자보다는 아이들과 함께 온 러시아 가족들이 대다수였다. 모스크바에서 서커스는 한번 볼 만하다는 말에 귀 얇은 우리들은 별 고민 없이 보기로 했지만, 막상 처음 공연장에 들어섰을 때만 해도 다 큰 남자들끼리 서커스를 보러 왔다는 게 조금은 징그러웠던 게 사실. 서른 초중반, 청춘의 중년쯤 되는 우리는 오페라나

세계 최고 서커스의 원산지. 국립 모스크바 볼쇼이 서커스 극장. 사람과 동물의 환상적인 콜라보를 만날 수 있다. 볼쇼이Большой(크다)!

발레 공연을 보았어야 하지 않았나 하는 후회도 들었다. 하지만 공연이 시작되자 그런 생각은 곧 씻은 듯이 사라져버렸다.

볼쇼이나 마린스키의 제1공연단은 여름에는 해외로 순회공연을 가고 없기 때문에, 최고의 공연을 보려면 여름보다는 겨울에 보러 가는 편이 좋다고 한다. 그래서였을까? 우리가 본 여름 공연에는 허술한 구석이 없지 않았다. 원형의 공연장을 열 맞추어 돌아야 할 백마들이 말을 듣지 않고 헤매기도 했다. 하지만 권투하는 캥거루, 묘기 부리는 원숭이, 뒹구는 곰 등 능청스러운 여러 동물들이 우리를 동심으로 이끈 덕분에 그런 실수마저도 유쾌하게 느껴졌다.

서커스 사이사이에 발레리나와 발레리노가 등장해 발레를 보지 못한 아쉬움을 덜어주기도 했다. 어른이 되어 서커스를 보고 느끼는 감상이란, 서커스단에서 열연하는 백색 무희들을 보며 그들의 어린 시절을 상상해보는 일이었다. 발레 학원에서 친구들과 함께 땀 흘렸는데, 조금 더 잘하는 친구들은 볼쇼이나 마린스키 발레단에서 엘리트 코스를 걷고 있을 터. '나는 내가 사랑하는 발레를 다른 차원에서 승화시키자.' 이런 결의로 서커스단의 문을 두드렸을지 모를 그들의 지난 시절을 상상했다. 물론 우리가 본 것도 '국립 모스크바 서커스단'이어서 더욱 심한 경쟁을 이겨냈을지도 모른다. 하지만 그렇게 상상하고 보니 왠지 저들의 좌절과 역경 극복의 드라마 때문에 청승맞게 콧등이 시큰거렸다. 한 살 한 살 먹어갈수록 눈물이 많아진다는 건 이런 건가.

사람과 동물이 함께 만들어낸, 서커스 카타르시스로 정화된 순수한 삼십 대들. 사실 이날 아침까지만 해도 일정 만드는데 서로 가고 싶은 곳이 달라 애써 입꼬리만 올리고 웃던 우리였다. 그렇게 불과 몇 시간 전의 섭섭함, 미안함 같은 불편한 감정들을 까먹어 버렸다. 붙어 다녀보니 짧은 기간에도 갑자기 툭 튀어나오는 처음 보는 습관과 생각들이 서로를 놀라게 했다. 가만 보면 우린 여행 스타일이 모두 달랐다. 나는 상대적으로 즉흥적이고, 수스키는 가장 낭만적이고, 택형은 절대적으로 분석적이며, 설뱀은 대쪽 같으면서 귀여운 조선의 선비. 여행 스타일만 다른 게 아니라 삶의 방식도 모두 달랐다. 몇 십 년 동안 자신의 세계를 구축해온 사람들인데, 퍼즐처럼 서로에게 맞아 들어간다는 건 어불성설.

대신 우리는 기억력이 나빴다. 남자들의 우정이 영원할 수 있는 건 혹시 기억력이 좋지 않기 때문이 아닐까?

차이콥스키가 '백조의 호수'의 영감을 얻은
세계문화유산 노보데비치 수도원. 현재 백조는 없고 오리만 있지만,
모스크비치들의 산책 명소로도 사랑받는다.
16세기에 지어진 이 수도원 내부 국립 묘지에는
고골, 체호프, 옐친, 유리 가가린 등이 잠들어 있다.

굿바이,
모스크바

●

by 수스키

모스크바에서의 버라이어티한 마지막 밤

"이노, 나 여기서 몇 주만 더 살면 안 돼?"

설뱀이 진지하게 묻는다. 사실 뭐 못할 것도 없다. 설뱀은 학생이 니까. 그가 진짜 여기서 더 살면 어떻게 될까? 문득 너무 부러워서 "안 돼!"라고 소리칠 뻔했다.

사실 이 도시에 와보기 전까지는 러시아에서 여행하기 제일 좋은 도시는 상트페테르부르크이고, 모스크바는 그 다음이라고 생각했다. 그 래서 모스크바에서는 짧게 머물고, 얼른 상트로 가 길게 둘러보다 갈 요량이었다. 그런데 그 짧은 시간 동안, 그만 모스크바의 매력에 흠뻑 빠져버렸다. 우람한 석조건물, 햇살을 가득 머금은 테라스, 여유로운 공원, 그리고 그곳에 생동감을 불어넣는 패션 피플들까지. 이 모든 것들을 두고 떠나야 한다니. 모스크바에서의 마지막 밤, 우리는 도저히 그냥 잠들 수 없었다.

"이노, 너 이런 데 살면 한국 음식 잘 못 먹지?"

택형이 모스크바의 마지막 밤을 자축하는 라면을 끓이며 묻는다.

"아무래도 그렇지. 그래도 뭐, 한인 식당이 있으니까."

무심한 남자들의 대화가 이어진다. 그때 "아! 잠깐!" 외마디 비명. 라면 끓이기와 설거지를 동시에 하는 듀얼코어 같은 택형. 그가 다 먹은 김치 통의 국물을 쏟아부으려는 찰나. 설뱀이 소리친다.

"김치 국물이 볶음밥 해 먹을 때 넣으면 얼마나 맛있는데. 여기선 귀할 거 아냐."

"ㅎㅎㅎ."

이노가 공감의 웃음을 보낸다. 그렇게 귀하디귀한 '메이드 인 코리아' 라면과 김치볶음밥, 낮에 사놓은 벌꿀, 요거트 등의 콜라보레이션에 보드카가 곁들여졌다.

한 잔 두 잔, 잔이 더해질수록 정신은 점점 혼미해진다.

"러시아 사람들 술 많이 먹잖아. 그럼 우리처럼 술 강요하고 그런 문화가 있어?"

"당연하지! 니처럼 고양이 우유 마시듯이 잔에 입만 댔다간, 고마쎄리 한 대 맞는다."

이노가 회식자리의 부장님처럼 버럭 하며 대답한다. 러시아에는 우리와 마찬가지로 술잔을 꼭 비워야 하는 문화가 있다. '다 드나До дна('바닥까지'라는 뜻)'라고 불리는 원샷 문화다. 누군가가 건배 제의를 하며 "다 드나!"라고 외치면 잔을 한 번에 비우는 것이 예의다. 대개 첫 잔은

'다 드나'를 해야 한다고 한다.

"우리랑 똑같네."

무언가를 좋아하는 사람들끼리는 통하는 게 있나 보다. 다른 점이 있다면, 술을 따르는 사람이 윗사람이건 아랫사람이건 술을 받을 때는 테이블에 잔을 놓은 채 받거나 그냥 한 손으로 받는다는 것.

"그럼 건배할 때는 뭐라고 해?"

이야기를 듣다 궁금해진 내가 물었다.

"삐욤!"

"삐욤?"

"응."

"그럼 다 같이 할까? 삐욤!"

아 독해. 정신이 '삐욤' 하고 나가버릴 것 같다.

"아! 재밌는 주도 하나 더 생각났데이. 이건 우리나라에 없는 기다."

이노가 실실 웃으며 말을 이었다.

"여자를 위해서 건배할 땐 있다 아이가, 무조건 인나야 한데이!"

"일어나야 된다고?"

"그렇지! 이리 앉아 마시다가도 여자를 위해서 건배 제의를 한다 그라믄 벌떡 인나야 칸데이. 예를 들면 '오늘 우리에게 거스름돈을 집어 던진 앙칼진 가스나를 위하여!'라고 하면! 뭐하노 뭐하노, 지금 바로 인나서 '위하여!' 해야 칸다 아이가."

역시 미녀들의 나라인 만큼 여자를 예우하는 방법이 확실하다. 엉거주춤 일어나는 시늉을 하자 이노가 재밌다는 듯 낄낄거린다.

사실 그 유래는 이렇다. 18세기 러시아에 '예카테리나 2세'라는 여왕이 있었다. 그녀는 권력의 중심답게 얼짱 남자를 참 좋아했다고 한다. 그래서 식사 자리에선 언제나 젊은 남자들에게 건배 제의를 시켰고, 남자들은 여왕의 명이니만큼 당연히 일어서서 건배 제의를 했다. 문제는 당시의 남자 귀족들의 의상이었다. 당시 궁정 복식 예법상 남자들은 타이즈 같은 바지를 입었다고 한다. 그런 남자들이 일어나서 건배 제의를 하면…….

"와, 완전 민망한 하반신 실루엣 적나라하게 다 나오겠네."

"그랬다 카이. 흐흐흐."

"예카테리나 재치꾸러기네. 아니, 그것 때문에 일어나라 그런 거야?"

믿거나 말거나 여왕과 궁정의 여자들은 그런 진풍경을 즐기며 키득거렸다고 한다. 아무쪼록 지금은 여왕도 없고 쫄쫄이 바지도 없지만, 여자를 위한 건배 제의를 할 때면 꼭 일어나서 해야 한다고 한다.

"옛날 같았으면 나 같은 참새 하반신은 목 짤렸겠네."

"크하하. 설뱀은 겸상도 못 하지."

그렇게 깔깔거리는 동안 그 독한 보드카도 한 병, 두 병 바닥을 드러냈다. 이노는 한국에 두고 온 아내와 딸에 대한 이야기를, 준스키는 작년 세계 여행 이야기를, 설뱀은 벌꿀이 얼마나 몸에 좋고 술에 강하게 만들어주는지에 대한 이야기를 했다. 그리고 택형은 그 모든 이야기를 묵묵히 들어줬다. 붙잡아두고 싶을 만큼 충만한 밤이었다.

조금 뒤에 설뱀에게 일어날 일은 상상도 하지 못한 채 말이다.

그리고 아침. 마침내 아침이 왔다. 언제 잠들었지? 분명 기차를 타려면 바삐 움직여야 했다.

"설뱀, 일어나! 그만 일어나!"

준스키가 설뱀을 끊임없이 부르며 깨웠다. 내 머리는 숙취 때문인지, 석공이 대뇌피질을 정으로 조각하고 있는 것처럼 아픈데.

"기상하십쇼!"

논산 훈련소 조교 출신인 이노의 기상 소리는 희미하게 들어도 무섭다. 그사이에도 준스키는 설뱀을 계속해서 깨우고 있었다.

"설뱀! 일어나라고!"

저런 무한 반복 알람을 듣고 꿈쩍도 안 하는 설뱀이 수도사처럼 보인다.

"아, 진짜! 설뱀!"

그때 일 년에 딱 한 번 짜증을 낸다는 택형이 미간을 찌푸리며 소리쳤다. 그러자 '미안하지만 난 도저히 못 움직이겠다'고 온몸으로 시위를 하던 설뱀이 기적처럼 일어났다. 그리고 다 죽어가는 목소리로 말했다.

"실은, 나 새벽에 말야……."

대체 설뱀에겐 무슨 일이 있었을까? 한나절이 지나고서야 들을 수 있었던 설뱀의 기막힌 이야기를 재구성하면 다음과 같다.

"새벽에, 나 혼자 나간 거야."

거나하게 취한 설뱀은 모두가 잠든 사이 그렇게 혼자 아파트 밖으로 나갔다고 한다. 그냥 찬 바람이 너무 쐬고 싶다는 이유 때문이었다. 제정신을 못 차릴 정도로 취했지만, 자동으로 잠기는 아파트 공동

현관문 아래쪽에 카펫을 괴어놓는 기지를 발휘하기까지 했다고 한다. 하지만 설뱀이 잠깐 바람을 쐬고 돌아왔을 땐 이미 문은 닫혀 있었다. 게다가 휴대폰도 없었다. 여행지에서는 아예 휴대폰을 켜지도 않는다는 그의 튼실한 철학이 반영된 결과였다.

"정말 술 때문에 속도 안 좋고 토할 것 같은데, 당황하니까 더 죽겠더라고. 일단은 건물 안으로 들어가야 된다고 본능적으로 생각했어. 그래서 주차장으로 들어갔지."

그때였다.

"@&%$#(거기 누구쇼?)"

"아, 다행이다. 아저씨, 저 여기 사는 친구네 집에 놀러 왔는데 몇 호인지를 잊어버렸어요."

물론 설뱀이 아저씨의 말을 알아들었을 리 없고, 아저씨 역시 설뱀의 말을 알아들었을 리 만무하다.

"취해서 그랬는지, 왠지 말이 통하는 것 같더라고. 이노 주소는 모르겠고, 그냥 이노 차에 대해서만 얘기했지. '파삿, 파삿(폭스바겐의 자동차 브랜드)! 붕붕!' 이러면서 말야."

그렇게 그 새벽에 말도 안 통하는 러시아 중년 남자와 플래시를 들고 컴컴한 주차장을 돌았다고 한다.

"그러다 이노 차를 딱 발견한 거야. 와, 나 너무 기뻐서 아저씨랑 하이파이브할 뻔했어."

그런 뒤 아저씨는 이노네 집 문 앞까지 설뱀을 데려다줬다고 한다. 둘이 통하는 말이라고는 단 한 단어도 없었으면서도, 설뱀은 끈끈한 유대감 때문이었는지 술기운 때문이었는지 몇 번을 포옹했다고 한다.

"러시아가 무섭다 무섭다 하지만, 알고 보면 진짜 친절한 사람들 많은 것 같아."

그리고 무사히 집에 돌아온 설뱀은 퓨즈가 끊어진 것처럼 잠들어버렸고, 정확히 한 시간 30분 후 우리에게 반 강제로 이끌려 밖으로 끌려나온 것이다.

상트로 출발!

기차역으로 향하는 길. 모두들 숙취 때문인지, 피곤 때문인지, 아쉬움 때문인지 죽상을 하고 있었다. 내 머릿속에선 지치지도 않는지 석공이 여전히 대뇌피질을 쪼고 있었고, 설뱀은 이제야 술기운이 올라온다며 말도 제대로 못 했다. 다들 상거지가 따로 없었다.

한없이 멀게만 느껴지는 기차역을 향해 터덜터덜 걷다가 마침내 목적지인 레닌그라드 역Ленинградский вокзал(레닌그라드스키 보크잘)에 다다랐다. 레닌그라드는 상트페테르부르크의 소련 시절 이름. 모스크바에 상트페테르부르크 역이 있다는 게 특이하다. 그러니까 우리로 치면 서울시에 부산역이 있는 셈. 이는 러시아에서 기차역 이름을 정할 때 도착역을 기준으로 정하기 때문이었다. 언제부터 이렇게 역 이름을 지었는지 잘 모르겠지만, 여행하는 기분을 내기에는 훨씬 좋은 방법 아닐까? 서울에 있는 춘천역, 용산에 있는 동해역을 상상해본다. 어쩐지 기차역에 도착하는 순간부터 여행이 시작되는 기분이 들 것만 같다.

모스크바와 상트페테르부르크 사이 650킬로미터를 잇는 기차, 삽산.
KTX 보다 조금 더 넓고, 조금 더 높다. 시속 250킬로미터로 달릴 수 있으며,
모스크바와 상트페테르부르크를 3시간 45분 만에 주파할 수 있다.

우리는 레닌그라드로 가야 하니, 모스크바에 있는 레닌그라드 역에서 기차를 타야 한다. 이 역 이름 앞에서 꼭 기념사진 한장 찍어야겠다고 여행 전부터 생각했다. 그런데 출발 시간에 간당간당하게 기차역에 도착한 탓에, 허둥지둥 삽산Сапсан(러시아 고속열차)에 올랐다.

그렇게 우리는 모스크바 여행을 도와준 이노와 헤어지고 상트페테르부르크를 향해 달리기 시작했다. 사실 이 친구가 아니었다면 시작조차 힘들었을 여행. 우리는 "비행기 표만 끊어오면 러시아에서 모든 걸 책임져주겠다"는, 외국 사는 친구들이 으레 던지는 인사말을 놓치지 않고 진짜 왔던 웬수들이었다. 우리 덕분에 그도 원 없이 웃을 수 있었지만 말이다.

흐르는 차창 밖 풍경과 함께 모스크바의 기억이 벌써 흐릿해지고 있었다. 편안하고 안락한 삽산의 푹신한 좌석에 몸을 깊이 묻고 눈을 감았다. 이제 네 시간 뒤면 상트페테르부르크에 있는 모스크바 역에서 눈을 뜨겠지? 모스크바에서 출발해 모스크바 역으로 가고 있는 기분이 묘하다.

상트페테르부르크는 또 어떤 이야기를 내게 안겨줄까. 달리는 기차는 언제 들어도 기분 좋은 철길 소리를 만들어내며, 그렇게 모스크바를 빠져나갔다.

PART
3

믿을 수 없는 아름다움,
상트페테르부르크

타티아나는 차가운 아름다움을 지닌, 그 러시아의 겨울을 사랑했다.
겨울날 햇볕에 반짝이는 서리, 썰매,
그리고 늦은 저녁노을에 붉게 빛나는 눈, 밤의 안개.
그녀는 이 모두를 사랑했다.

— 푸시킨, 《예브게니 오네긴》

물의 도시,
상트페테르부르크

●

by 준스키

낯선 도시에서의 첫날

한여름의 상트페테르부르크에서 우리를 맞아준 건 마치 가을 같은 상
쾌한 아침 바람과 파스텔톤 도시에 내리는 햇살의 상큼함이었다. 그리
고 한 사람 더. 모스크바에서 친구의 환대에 감동받은 우리는 이번엔
상트에 사는 '현지 친구'를 찾아 허겁지겁 온 인맥을 동원했고, 상트에
도착하기 하루 전에 이곳에 머물고 있는 한국인 유학생을 소개받을 수
있었다. 한국에서 러시아어를 전공하고, 상트페테르부르크 국립대학교
에서 유학 중인 리나였다. 우리는 그저 가벼운 안내 정도를 기대했지
만, 그녀는 기차역으로 우리를 마중까지 나와주었을 뿐만 아니라 그 뒤
로도 아낌없는 친절을 베풀어주었다. 그때만 해도 우리는 상상도 할 수
없었다. 그 짧은 며칠 동안 마치 그러기로 작정한 사람들처럼 그녀에게
민폐를 끼치게 될 줄은……

우리는 중심가에서 약간 떨어진 숙소에 짐을 풀자마자 스프링처럼 피융 뛰쳐나와서는, 모스크바와는 사뭇 다른, 좀 더 유럽의 느낌이 물씬 풍기는 아기자기한 상트 거리를 걷기 시작했다. 주말 오전의 거리는 조용하고 말끔했고, 마주 불어오는 경쾌한 바람이 우리를 들뜨게 했다. 이름도 외우기 힘든 수많은 운하와 수십 개의 섬을 잇는 수백 개의 다리가 있는 세계문화유산의 도시는 지루하지 않은 거리 풍경을 선사했다. 시내 곳곳에는 호수가 있는 작은 공원들이 있었고, 들어가 보면 언제나 일광욕을 즐기는 사람들로 가득했다.

"이 도시 정말 예쁘지 않아? 걸어서 여행하기에 진짜 환상적인 것 같아."

기대했던 대로 상트페테르부르크는 모스크바보다 훨씬 아름다운 도시였다. 게다가 러시아 문자만이 가득했던 모스크바와 달리 상트페테르부르크에는 영어로 된 표지판이 곳곳에 세워져 있어 왠지 안심이 되었다. 내가 달린 건 아니라도 경도와 위도가 바뀌는 위치 이동은 뻐근함을 동반한다. 우리의 감탄은 오래가지 못했고, 점점 말을 잃어갔다. 쉴 곳을 찾아 두리번거리던 우리는 마치 종로 같은 풍경을 가진 이름 모를 광장 사거리에 멈추어 섰다가, 누가 먼저랄 것도 없이, 특별한 말도 없이, 원래 그러기로 했던 것처럼 길모퉁이에 있는 맥도날드에 자리를 잡았다.

"이 도시에서는 어딜 가나 문화유산을 만날 수 있어요. 도시 전체가 유네스코가 지정한 세계문화유산이니까요. 지금 여기도 센나야 광장인 거 아시죠?"

《죄와 벌》의 라스콜니코프가 그렇게 헤매던 바로 그 길, 센나야 광장이다. 유명한 소설의 무대라는 사실과는 다소 어울리지 않게, 생각보다 좁고 평범하다.

리나가 말했다. 여기가 말로만 듣던 센나야 광장이라니! 흔히 보던 역세권 시장 골목인 줄 알았던 이곳이 도스토옙스키의 소설 《죄와 벌》의 주 무대인 바로 그 센나야 광장이라니! 불러주기 전엔 아무 의미 없었던 꽃처럼, 광장 이름을 알게 되었을 때부터는 갑자기 흔해 보이던 풍경이 예사롭게 보이지 않았다. 머릿속 역사적·문학적 지평이 넓어진 이 공간에서, 공사장 소음과 분진 너머로 라스콜니코프가 길을 헤매고 있는 것만 같았다.

센나야 광장은 '건초 광장'이라는 뜻이다. 18세기 상트페테르부르크를 건설하기 위해 모여든 노동자들이 모여 살면서 자연스럽게 시장이 형성되었고, 농산물, 공산품 등과 건초와 장작 같은 땔감까지 팔기 시작하면서 붙은 이름이다.

"이야, 여기도 크바스를 파네. 하나 들고 가자."

센나야 광장에서 가장 가까운 시장 입구의 매표소처럼 서 있는 크바스квас 노점에서 설뱀이 외쳤다. 크바스는 흑빵과 효모를 발효시킨 러시아 전통 음료인데, 길거리에서도, 레스토랑에서도 흔히 파는 국민 음료수쯤 된다. 무알콜이지만 술맛이 나기도 하고, 향과 맛 모두 대추차와 비슷해서 나는 적응하기 힘들었는데, 설뱀은 진정 러시아의 국민 음료를 즐기는 눈치.

우리는 크바스를 홀짝이며 옷과 가방, 식재료 등을 파는 작은 시장을 둘러보다가 앙증맞은 벌꿀 매장에서 한참 시간을 보냈다. 예전 러시아에 왔을 때 벌집과 함께 오물오물 씹어 먹었던 진짜 벌꿀 맛을 잊지 못했던 우리. 쩝쩝 입맛을 다시며 다시 길 위로 나섰다.

고풍스런 아우라가 넘치는 건물들은 높이도, 색감도 모두 저마다 다르지만 품위 있게 조화를 이루고 있었다. 다른 건물들에 비해 두드러지게 높은 빌딩이나 간판 공해 등은 보이지 않았다. 그래도 사람 사는 곳은 어디나 마찬가지인 듯, 이따금씩 건물 벽에 쓰인 낙서나 덕지덕지 붙은 광고 전단도 볼 수 있었다. 오래된 유적 같아 보여도 나 이래봬도 사람 사는 곳이라고 말하는 듯한 키릴 문자들. 우리는 연신 카메라 셔터를 찰칵찰칵 눌러대며, 강줄기를 따라 걷다가 돌다리를 몇 번 건너고 근대로 타임머신을 타고 간 듯한 길모퉁이를 몇 번 더 돌며 상트의 거리를 누볐다.

골목을 몇 번 더 돌자 시내 중심 너른 광장에서 말을 달리는 니콜라

상트페테르부르크 한복판에서 가장 눈에 띄는 성 이삭 대성당. 19세기에 지어져 2차 세계대전까지 버텨냈다. 100미터가 넘는 높이까지 솟은 황금색 돔에는 100킬로그램이 넘는 금이 들어갔다. 화려한 내부도 인상적이다.

이 1세 동상을 만났다. 그 뒤로 우뚝 선 것은 두말할 필요 없는 상트페테르부르크의 랜드마크, 성 이삭 대성당Исаакиевский собор. 이 대성당의 황금 돔 지붕에 오르면 상트페테르부르크 시내를 한눈에 둘러볼 수 있다고 하기에, 우리는 주저 없이 그곳을 향해 발걸음을 옮겼다. 꼭대기를 향해 200개가 넘는 나선형의 좁은 계단을 빙빙 돌아 올라가니 지붕의 전망대에서 펼쳐진 상트페테르부르크 파노라마. 카잔 대성당Казанский собор과 피의 사원, 에르미타주 미술관, 길게 뻗은 푸른 공원, 그리고 보기만 해도 시원한 네바 강Нева과 건너편의 토끼섬, 상트페테르부르크 국립대학. 300년 전부터 자라지 않은 건물들 덕분에 시원한 세계문화유산 도시의 전경을 만끽했다.

상트의 한복판, 여유의 한복판

성 이삭 대성당에서 내려온 뒤, 걷는 데 지쳤던 우리는 네바 강과 이삭 대성당 사이에 길게 펼쳐진 가로수길의 한 벤치에 자리를 잡았다. 평범한 산책길 쉼터였다. 매점에서는 마치 우리를 위해 준비한 것처럼 비닐컵에 담긴 맥주를 팔고 있었다. 여행자가 특별히 찾는 장소는 아니었지만, 그렇게 가만 발걸음을 멈추어놓고 보니 러시아 사람들의 진짜 여유를 볼 수 있었다. 상트의 한복판에서 만난 여유의 한복판.

"이 맥주는 발티카 3번이구나. 어쩐지 부드럽더라."

택형이 머릿속 상식 수첩을 펼쳐보더니 우리가 마시던 것이 무엇인지 알려주었다. '발티카Балтика'는 러시아에서 가장 많이 팔리는 맥주 브

길거리 매점에서 파는 발티카 맥주는 러시아에서 가장 많이 팔리는 맥주 브랜드로, 상트페테르부르크가 원산지라고 한다.

랜드로, 상트페테르부르크가 원산지다. 0번부터 9번까지 있는데, 0번은 무알코올 맥주라고 한다. 술을 잘 못하는 우리에게는 3번이 딱 기분을 좋아지게 하는 묘약이었다. 화학 주기율표를 만든 멘델레예프가 보드카의 알콜 도수가 40도일 때 몸에 잘 흡수되고 맛이 가장 좋다고 밝혔다는데, 인간적으로 이건 너무 높다. 러시아의 젊은이들도 보드카보다는 와인이나 맥주를 더 좋아한다고 한다.

"우리 여행도 이제 반이 지났네. 준스키는 곧 또 북유럽에 캠핑카 여행 한다고 했지?"

설뱀이 물었다. 우리의 일정이 끝난 후 나는 다른 일행들과 코펜하

겐에서 합류해 여행을 계속할 예정이었다. 이어지는 수스키의 한탄.

"부럽다. 택형이랑 나는 이번 휴가도 회사에서 온갖 애를 쓰고서야 받은 건데……."

수스키가 한탄했다.

"훌쩍 왔어도 마음 한구석이 편치는 않아. 대출은 언제 다 갚나 싶지. 그래도 이런 확신은 있어. 지금 아니면 인생에 이런 시간은 다신 없을 거다, 이런 거."

"그건 그래. 우리 다 장가가고 애 생기고 해봐. 이런 여행은 꿈도 못 꾸지."

끄덕끄덕. 휴가가 생기면 기를 쓰고 꽉 채워 여행을 다니는 수스키는 내가 캠핑카로 북유럽을 돈다는 계획이 못내 부러운지 끈덕지게 물었다.

"캠핑카에 자리 하나 안 남아? 나 바닥에서 자도 되는데……."

"나야 좋지. 그런데 너, 회사 말고 대안이 있어?"

내 대답에 우리는 서로 다른 의미로 네바 강에 폭죽 터지듯 빵빵 웃었다. 물론 수스키는 '썩소'였지만. 나는 사실 정말 같이 가면 좋겠다는 생각에 한 말이었는데, 어쩌다 보니 놀린 것처럼 되어버렸다.

직장인들은 시간이 없는 게 문제다. 잠시 회사 맛을 보았던 나는 입사해서 처음 휴가 규정을 보았을 때 느꼈던 갑갑함을 잊을 수가 없다. '내가 이 회사에 뼈를 묻는다면 앞으로 수십 년간 장기 여행은 꿈꿀 수 없겠구나.' 하는 생각 때문에 나는 내게 주어진 이 마지막 여름방학에 빚을 내서라도 기를 쓰고 여행을 시작한 것이다. '하우스 푸어House Poor',

2차 세계대전의 상처를 고스란히 간직한 대성당의 기둥.

'워킹 푸어Working Poor'라는 말이 있듯이, 나는 대출받아서 여행하는 '트래블 푸어Travel Poor'인 셈이다. 학생들은 여행할 돈이 부족하지만 직장인들은 여행할 시간이 부족하니 이런 비극이 또 있을까? 시간은 빌려주는 사채업자조차 없으니, 오호통재라.

살짝 붉어진 얼굴로 성 이삭 대성당을 다시 지나는 길. 불그스름한 빛깔의 거대한 기둥들 중 세 번째 기둥에 흠집이 나 있는 것이 보였다. 2차 세계대전 당시 폭격을 맞아 생긴 흠이라고 한다. 굳이 복구를 하지 않은 건 상처조차 역사로 간직하기 위해서일까? 얼핏 보면 멀쩡해 보이지만 자세히 들여다보니 울퉁불퉁한 상처를 안고 있는 모습이 꼭 우리 같았다. 완전무결한 역사는 없다고, 그러면 재미없다고 저 흠집이 위로해주는 것만 같았다.

여기가 바로
북방의 베네치아

●

by 수스키

"수스키! 너 얼굴이 앵그리버드 같이 빨개."

응. 알아. 공원에서 가볍게 맥주 한 잔 마셨을 뿐인데, 왜 내 얼굴은 가볍게 빨개지지 않고 이리도 심각하게 빨개질까. 이 틈을 놓칠 친구들이 아니다.

"진짜 빨개!"

알아, 알아. 나처럼 한 모금만 마셔도 변온동물처럼 얼굴색이 변하는 사람은 일일이 받아치는 것도 참 일이다. 누가 온도에 따라 글씨가 나타나는 약을 좀 개발해줬음 좋겠다. 얼굴이 빨개지기 시작하면 '닥쳐'라는 글씨가 이마에 나타나도록 말이다. 이곳 상트페테르부르크는 모스크바보다 위도가 높아서 백야 현상이 더욱 심하다. 밤 9시까지는 환한 대낮일 텐데, 새빨개진 얼굴로 넵스키 대로Невский проспект를 향해 걷자니 자꾸 부끄러워진다.

"와, 여기가 넵스키 대로인가 보다!"

벌건 낯빛이 창피한 줄 모르고 눈이 휘둥그레졌다. 왁자지껄한 사람들, 왕복 8차선의 넓은 도로, 시원스레 쭉 뻗어 있는 이곳은 상트페테르부르크의 중심을 관통하는 넵스키 대로다. 고골은 넵스키 대로를 이렇게 묘사하기도 했다.

사람들은 넵스키 대로에 볼일이 있어서 오지만, 넵스키 대로에 들어선 순간 그 일을 잊고 맞다. 그저 그 거리에 취해 거닐 뿐이다.

상트페테르부르크의 명물, 넵스키 대로. 백야에는 밤 9시가 지나도 이렇게 환하다.

넵스키 대로의 돔 크니기 서점은 그리보예도
프 운하와 넵스키 대로가 만나는 명당에 위치
해 있어 만남의 장소로도 인기가 높다.

그만큼 사람도 많고, 볼거리
도 많다는 뜻이었을 게다. 그런
데 사실 이곳은 300년 전만 해도
건물은커녕 사람도 살지 않는 늪
지대였다고 한다. 그런 곳에 돌
덩이를 쏟아부어 만들어낸 도시
가 바로 이곳, 상트페테르부르크
다. 당시 이 늪지대가 얼마나 깊
었는지, 던져도 던져도 끝도 없
이 들어가는 돌 때문에 이곳을
통행하는 사람들은 필수로 자신
의 머리보다 큰 돌을 가지고 와
야 했다고 한다.

"그럼 머리 큰 사람은 돌도
더 큰 것으로 가져와야 되나?"

택형이 시덥지 않은 소리로 개그를 시도하지만, 이런 말에 너그럽
게 웃어주고 할 우리가 아니다. 담담한 표정으로 넵스키 도로를 걸으며
상상했다. 300년 전에 왔다면, 영락없이 돌덩이 구하느라 애 좀 먹었겠
다. 아마 주변의 웬만한 돌은 다 가져갔을 테니, 한참 먼 곳에서 가져오
거나 누군가가 웃돈을 얹어 파는 것을 썩은 표정으로 사야 했을지 모른
다. 나같이 평범한 사람들까지도 돌을 날라 어렵게 세운 이 도시를 아
무렇지 않게 걷고 있으려니 황송한 기분까지 든다.

"그러니까 그냥 걸으면 안 되고, 아이스크림을 먹으며 걸어야지."

우리는 돌덩이 대신 러시아 아이스크림을 하나씩 손에 들고 넵스키 대로를 거닐었다. 트램이 지나다니는 도로 양옆으로 나지막한 석조건물들이 어깨를 나란히 걸고 있다. 과연 이곳이 모스크바와 같은 러시아가 맞나 싶을 정도로 고풍스러운 분위기였다. 바로 이 도시에서 도스토옙스키와 푸시킨, 그리고 차이콥스키 같은 예술가들이 자신의 작품을 완성시켜나간 것이다. 도시가 주는 영감은 과연 어떤 것이었을까?

"보트! 보트!"

짧은 상상을 깨는 소리. 흑형이 눈을 부라리며 호객 행위를 한다. 보트를 타라는 말이다.

"오오, 타볼까? 타볼까?"

설뱀이 반응을 하자 흑형은 안 그래도 큰 눈을 더 희번덕거린다. 호객 행위를 하는 걸 보면 알겠지만, 모스크바와 달리 이곳은 관광지로서 나름의 입지를 구축한 곳이다. 그래서 배낭여행객들이 자주 눈에 띈다. 상기된 얼굴의 여행자들은 보트를 타고 건물 사이사이를 물길과 함께 흘러다녔다. 어느 길을 가나 꼭 물길과 마주칠 수밖에 없는 이곳 상트페테르부르크는 도시 구석구석까지 네바 강의 지류천들이 모세혈관처럼 이어져 있다. 격자형으로 이어진 물길 사이를 모두 섬으로 본다면, 이곳은 총 100여 개의 섬과 360여 개의 다리로 이어진 물의 도시다. 이곳이 '북방의 베네치아'라고 불리는 이유다.

커피는 미국인!

넵스키 대로의 대표 유적지인 카잔 대성당을 지나, 건너편의 '돔 크니기Дом Книги' 서점 앞을 지난다. 러시아 최초의 서점이자 지하철역과 마주 보고 있는 이곳엔 명동만큼이나 사람이 많다. 왁자지껄 시끌벅적. 어쩌구저쩌구 스키, 이러쿵저러쿵 스키. 그 많은 사람들이 무슨 얘기를 그렇게 많이 하는지 나는 도대체 한 마디도 알아들을 수가 없는데, "오! 저기 한국어다" 설뱀이 소리친다. 유리창 너머로 서점 안쪽을 보니. 앗, 한국 책이다. 제목은 '상트페테르부르크' 한국어로 번역한 일종의 관광 책자다. 온통 러시아어가 떠다니는데 한국 책이라니. 서점으로 들어가 우리는 과학수사대처럼 책을 샅샅이 살피고 결론을 내렸다.

"이거, 까레이스키나 조선족이 번역했나 보네. 아니면 구글 번역기로 돌렸거나."

듬성듬성 번역체 문장이 힘겹게 의미를 이어가고 있었다. 이런 경험이 처음은 아니다. 모스크바의 한 식당에 갔을 때, 신기하게도 한국어로 된 메뉴판이 있었다. 사장님은 메뉴판을 갖다 주며 한국어 메뉴판을 펼쳐본 사람은 우리가 처음이라며 호들갑을 떨었다.

"오, 보자 보자."

"응? 그런데 뭐지? '커피는 미국인?'"

그건 바로 '카페 아메리카노'를 번역한 메뉴였다. 말도 안 되는 번역이었지만, 나름 귀여운 맛이 있다. 물론 차마 '미국인'을 먹을 수는 없어서 주문하지는 않았지만 말이다.

사실 그런 번역이 탄생한 배경에는 러시아만이 가지고 있는 역사적

특수성이 있다. 20세기 초반, 그러니까 구한
말 우리의 할아버지의 할아버지들은 지금의
러시아 극동 지방으로 이주를 했었다. 나라
상황이 말이 아니었으니 어디든 가는 게 이
상한 일이 아니었을 것이다. 그 이후 스탈린
의 강제 이주 정책으로 인해 그들은 극동 지

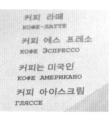

메뉴판이 선사한 뜻밖의 유머.

역에서 지금의 중앙아시아 지역으로 강제 이주되었다고 한다. 이런 과
정을 거치면서 러시아 곳곳에서 한국인들, 즉 까레이스키들이 뿌리를
내리고 살게 된 것이다.

"저도 까레이예요"라고 말하던 모스크바의 샌드위치 가게 사장님,
"내 여자친구도 까레이인데"라며 말을 걸었던 기념품 가게 직원. 물론
한국말이 매우 서툴지만, 그렇게라도 러시아와 우리의 끈이 연결되어
있다는 게 어디냐는 생각이 들었다. 차갑게만 보이던 러시아가 조금은
가깝게 느껴지는 순간이었다.

"이건 소장 가치가 있어!"

책 페티시가 있는 설뱀이 얼른 계산을 하고 책을 가방에 넣었다. 책
향기를 맡으면 힘이 솟는 꼬마 자동차 같은 그가 또 하나의 아이템을
획득하는 순간이었다.

서점을 나와 그리보예도프 운하를 따라 걷다 보면 그 이름도 유명
한 피의 사원이 나온다. 원래 이름은 '그리스도 부활 성당 Собор Воскресения
Христова(소보르 보스크레세니야 흐리스토바)'. 그러나 끔찍하게도 '피의 사원'
이라고 불리는 이유는, 사원이 서 있는 자리에서 알렉산드르 2세가 피

피의 사원. 좀 끔찍한 애칭이지만,
알렉산드르 2세가 피를 흘리며 죽어간 자리에
세워졌다고 하여 그렇게 불린다. 원래 이름은 그리스도 부활 성당.

를 흘리면서 죽었기 때문이라고 한다. 농노제 폐지 등 개혁 정책을 표방하던 알렉산드르 2세는 적이 많았다.

"그때나 요즘이나 개혁은 쉬운 게 아닌 것 같아. 손에 쥐고 있는 게 많은 사람들이 뭔가를 순순히 놓는다는 것도 말이 안 되고 말야."

택형의 말처럼 모든 변화에는 필연적으로 저항이 따르기 마련이다. 그 저항을 이겨내지 못하고 알렉산드르 2세는 피를 흘리고 쓰러지고 만 것이다. 결국 아버지의 죽음을 안타깝게 여긴 알렉산드르 3세는 이곳에 사원을 세웠고, 지금 내 눈앞에 있는 피의 사원이 탄생한 것이다.

피의 사원은 모스크바의 바실리 사원을 모델로 했기에 여러 면에서 닮아 있다. 그래서 여행자들 사이에서 둘 간의 미학적 논쟁이 벌어지기도 하지만, 사실 둘을 단순 비교하긴 어려운 점이 있다. 바실리 사원이 버전 1.0 모델이라면, 이곳 피의 사원은 버전 2.0 모델. 둘 사이의 시간차만 해도 무려 300년이 넘게 나니 말이다.

"우리 여기서 커피 마시고 가자. 커피는 미국인!"

좋다 좋다. 무언가를 보기 위해 열심히 돌아다니는게 여행이라면, 그냥 멍하게 앉아 아무것도 하지 않는 것도 여행이다. 음악도 쉼표를 통해 리듬 간의 긴장이 만들어지듯, 여행지에서의 리듬도 이런 쉼표들을 통해 연결된다.

"오예! 그럼 나도 커피는 미국인!"

준스키가 호들갑스럽게 추임새를 넣었다. 그렇게 우리는 해가 질수록 더 예쁘게 반짝이는 피의 사원을 보며 커피를 마셨다, 라고 이야기하려는 찰나!

"가자!"

응? 어제 거의 잠을 못 잔 설뱀. 졸려서 도저히 못 걷겠다고 한다. 사실 그래서 우리는 한참 전부터 설뱀을 좀 졸게 해줬다. 그 때문에 수십 분 전부터, 사원 근처 한 벤치에는 웬 빨간 옷을 입은 동양인 남자가 고개를 폴더처럼 꺾고 졸고 있었던 것이다. 충분히 잤겠지 생각하며 이제 좀 커피를 마시려는데 설뱀이 시동을 걸었다.

"그만 가자."

저 확고한 목소리. 미안함이라고는 전혀 없는 천진무구한 재촉이다. 어쩌지? 그를 혼자 가게 할 수밖에.

"혼자서 갈 수 있겠어? 가는 길 알아?"

의리의 택형이 걱정하며 묻는다. 그도 그럴 것이, 설뱀은 그동안 일정과 경로를 우리에게 몽땅 맡겨버리고, 우리가 지도를 보며 쩔쩔매고 있을 때 그런 우리를 카메라로 찍기 바빴던 것이다. 아, 이 양반을 어떻게 해야 할까. 난처한 물음에 아무도 답이 없고, 사원 앞 운하만 힘차게 흐를 뿐이었다.

백야를 물들이는
버스킹

●

by 수스키

낯선 도시에서 마음에 드는 노래를 만난다는 건 행운이다. 특히나 설뱀이란 위대한 인물을 겨우 설득해 오늘 하루 조금 더 놀 수 있는 상황에서라면, 말할 것도 없다. 어스름이 깔리는 상트페테르부르크의 백야. 피의 사원에서 다시 넵스키 대로로 이어지는 길목엔, 우리를 잡아끄는 리듬이 있었다. 생전 처음 듣는 멜로디에, 가사 또한 내 귀에는 "@#$%#&"처럼 들리지만, 그래도 느낌만은 쏘울 충만!

그 소리의 주인공은 바로 거리의 음악가들이었다. 안 그래도 예쁜 상트가 그들의 노래 덕분에 더 반짝였다. 버스킹만큼 그 도시의 멋과 운치를 잘 살려주는 게 또 있을까? 거리 공연은 그 도시만의 독특한 분위기와 맞물려 특유의 케미를 만들어낸다. 마치 영화에서 빠질 수 없는 OST와 같은 역할을 하며 말이다. 그래서 같은 장소라도 어떤 음악과 함께하면 더 사무치고, 더 절절하고, 더 두근두근하고, 더 추억이 방울

방울 매달리는 것 같다.

　더구나 예술의 나라, 러시아에서라면 더 그렇다. 이곳의 예술 사랑이 얼마나 각별했는지, 이런 얘기도 있다. 2차 대전 독일의 군인들이 러시아를 점령해가며 지금의 상트페테르부르크까지 밀고 들어왔을 긴박한 시기. 상트의 시민들은 피난길에 올라야 하는 상황에서도 발레 공연을 끝까지 감상했다고 한다. 오페라 한 편도 끈기 있게 못 보는 내 입장에서는 별로 공감이 안 되는 이야기이지만, 그런 밑바탕이 있었기에 차이콥스키가, 라흐마니노프가, 그리고 쇼스타코비치가 탄생하고 세계 최정상의 발레가 나타날 수 있었던 것 아닌가 싶다.

　한참을 그들의 공연을 감상하고 있는데, 저쪽에서 한 커플이 다가온다. 그리고 거리의 음악가들에게 말을 건다.

"너희들 연주 잘하던데. 사실 나도 밴드를 좀 했었거든."

"오, 그래? 무슨 밴드였는데?"

"지금은 좀 쉬고 있어. 그건 그렇고 내가 지금 내 여자친구한테 노래를 불러주고 싶은데 말야. 잠깐 기타 좀 빌릴 수 있을까?"

"내 기타를? 아, 음……."

그렇게 갑자기 나타난 남자는 버스커들에게 기타를 빌렸다. 물론 대화는 하나도 알아들을 수 없었다. 그래도 눈치로 대강 알 수 있다. 벙어리 여행, 귀머거리 여행을 하면 기적처럼 생기게 되는 더듬이 같은 눈치다. 기타를 뺏긴 남자는 상당히 당황스러운 표정이었다.

"어, 빌려주네? 저 남자 팔에 문신이 너무 무섭게 생겨서 그런가?"

어쨌든 기타를 빌린 남자는 슬슬 시동을 걸더니 노래를 했고, 나머지 버스커들은 하나둘씩 남자의 노래에 엉거주춤 보조를 맞추며 들어왔다. 그러니까 지금 한 밴드가 노래를 하고 있는데, 무대로 어떤 관객이 들어오더니 기타를 빌려 노래 한 곡 뽑고 있는 상황인 게다. 우리는 낄낄거리며 박수를 쳤고, 기타를 뺏긴 버스커는 어색한 리듬을 탔다. 그리고 걸쭉하게 노래를 한 곡 뽑은 남자는 여자친구와 키스를 나누더니 자리를 떴다. 우리는 유유히 멀어지는 커플을 말없이 지켜볼 뿐이었다.

잠깐의 소동이 끝나고 거리 공연은 다시 이어진다. 다시는 기타를 빼앗기지 않으려는 듯 기타리스트는 더 열정적으로 연주를 이어간다. 연거푸 세 곡을 노래한 거리의 음악가들는 물을 마시며 숨을 골랐다. 쉬는 시간인가 보다. 나는 이때다 싶어 얼른 말을 걸었다.

도시의 독특한 분위기와 맞물려 특유의 케미를 만들어내는 거리의 음악가들. 버스킹만큼 그 도시의 멋과 운치를 잘 살려주는 게 또 있을까?

"Are you a singer?(너 가수니?)"

생각없이 말하다 보니 의도치도 않은 말이 튀어나왔다. 가수라는 게 자격시험이 있는 것도 아니고, 중세 시대 계급 같은 것도 아닌데. 질문의 수준 낮음에 내가 말하고도 내가 부끄러워졌다. 러시아에서는 대부분 영어가 통하지 않으므로 뭔가 쉬운 표현만 사용해야 한다는 강박이 있긴 했지만, 그렇게만 말하기엔 좀 궁색하다. 때론 질문은 대답보다 더 많은 것을 얘기해주기도 하는데 말이다.

"영어 쓰는 거 하고는 참."

설뱀이 내 저질 영어를 탓하며 질문의 수준 낮음에 물타기를 해준다. 민망하지만 내 입장에선 고맙다. 그러나 그 질문은 아마도 내가 가장 고민하고 있는 부분, 바로 나는 누구인지, 나는 대체 어떤 일을 하는 사람이고 앞으로 어떤 일을 업으로 삼아야 하는 지에 대한, 마음속 자욱한 연기처럼 차지한 이 질문들이 나도 모르게 입 밖으로 튀어 나와 버린건 아닐까 생각했다. 마침내 내 궁금증의 실체와 마주하고 나도 적잖이 당황했지만 말이다.

그런 의미에서 버스킹을 하고 있는 이들에게 "너는 가수니?"라고 묻는 건 참 무식하면서도 폭력적인 것 같다. 음악을 있는 그대로 받아들일 줄 모르는 것이니 무식한 거고, 행위 자체에 집중하고 있는 이들에게 전혀 다른 관점으로 질문을 던져 이상한 혼란을 만들어내고 있으니 폭력적이다. 잘은 모르지만 그들이 가수이든 아니든 적어도 음악을 하는 동안만은 충분히 행복하다는 것을 알 수 있다. 일을 할 때 행복한 사람은 표정과 눈빛부터 이미 다르기 때문이다. 그들이 좀 더 행복할 수 있게, 원하는 노래를 더 많이 만들고 부를 수 있었으면 하는 바람을 담아, 적지만 성의껏 루블화를 꺼내 기타 케이스에 넣었다. 다음번에 상트를 방문하게 되면, 그때도 그들의 신나는 노래를 들을 수 있기를 기대하며 한참을 더 서서 그들의 노래를 들었다.

참, 그들의 대답은 당연히 "Yes!"였다.

하얀 밤, 백야

백야는 밤에도 해가 지지 않아 어두워지지 않는 현상을 말한다. 주로 북극이나 남극 등 위도가 48도 이상으로 높은 지역에서 발생하는데, 북극 지방에서는 여름철에, 남극 지방에서는 겨울철에 나타난다. 백야가 일어나는 원인은 지구가 자전축이 기울어진 채 공전하기 때문이다. 즉, 지구가 기울어진 머리를 태양 쪽으로 들이밀고서 자전하는 동안 해당 지역에 태양빛을 받는 시간이 많아지는 것이다.

백야는 위도가 높을수록 이 기간이 길어지는데, 북위 약 60도에 위치한 상트페테르부르크는 6~8월이 백야 기간이다. 이 기간에 어둑어둑한 밤은 길어야 다섯 시간 정도밖에 지속되지 않는다. 때문에 겨울이 유난히 춥고 긴 러시아에서 여름철 찾아오는 백야는 귀한 해를 맞이하는 축제와 다름없다. 실제로 여기저기서 축제도 벌어진다. 러시아 정부가 후원하는 '백야 국제 문화제'는 1993년부터 공식적으로 시작되었는데, 동유럽의 대중음악인들이 참가하는 국제 가요제와 오페라와 발레 공연, 고전음악 연주회, 국제 영화 축제, 재즈와 록 페스티벌, 청소년들의 춤과 음악 경연 등 예술의 향연장이 되고 있다.

현지 시각, 밤 11시 37분. 하늘이 아직도 밝다.

오로라 호를
찾아서

●

by 준스키

사랑에 빠질 것만 같은 상트페테르부르크의 아침, 우리는 숙소에서 나와 슈퍼에서 아이스크림을 하나씩 사 들고는 버스 정류장에서 넵스키 대로로 가는 버스를 찾았다. 그러기로 꼭 약속한 바는 아니었으나, 낯선 길을 찾을 때는 누가 먼저랄 것도 없이 현지인에게 다가섰다. 이번엔 양 볼의 주근깨가 귀여운 소녀가 우리가 버스를 타는 것까지 확인하고서 미소로 인사를 보냈다. 그러면 우리는 어느새 입에 붙은 인사를 합창한다.

"스파시바_{Спасибо}(감사합니다)."

오늘의 첫 목적지는 오로라 호였다. 해병대 출신인 설뱀의 강력 추천 장소이기도 했고, 근대 러시아 역사의 흔적을 고스란히 간직한 곳이어서 패키지 여행에서도 빠지면 서운한 곳이라고 했다. 넵스키 대로에서 지하철로 갈아타고 강 아래 긴 터널을 지나가는 동안 척척박사 수스키가 말했다.

"오로라 호가 진짜 재밌는 배야. 왜 그런지 알아?"

즐겨 보던 여행 정보 사이트 '트립어드바이저TripAdviser'가 소개하는 각 지역 명소들의 인기 순위에서도 오로라 호가 늘 상위권을 차지하곤 했던 터라 궁금하던 차였다.

"1904년 러일전쟁 때 러시아가 일본에 쳐들어가면서 함대를 끌고 갔지. 그런데 당시 러시아 함대의 지도자들은 부패할 대로 부패한 데다가, 실질적으로 전투를 이끌어야 할 해군 장교들은 해전 경험도 없는 이들이었고, 병사들은 이러나저러나 죽을 수밖에 없었던 노예들이었대. 그러니 전투에 의욕이 있었을 리가 있나. 게다가 배가 발트 해를 지나고, 유럽 대륙을 빙 돌아서 일본까지 갔으니 가는 데만도 오죽 오래 걸렸겠냐? 결국 초강대국이던 러시아가 만만한 줄 알았던 일본에 대패하고 말았지. 그때 겨우 살아 돌아온 배 중 하나가 오로라 호래."

내 친구지만 이럴 땐 멋있다. 사실 러일전쟁이 어쨌든 별로 관심도 없었지만. 교양은 사람을 멋있게 보이기 위해 존재하는지도 모르겠다.

"10월 혁명도 오로라 호에서 시작되었을걸?"

들자 하니 1917년 11월 이곳에서 레닌이 이끈 볼셰비키들의 10월 혁명이 시작되었다고 한다.♦ 오로라 호에서 발사된 포탄 소리를 신호로

♦ 당시 러시아는 오늘날 우리가 일반적으로 쓰고 있는 그레고리력(Gregorian calendar)보다 13일이 늦은 율리우스력(Julian calendar)을 사용하고 있었다. 그래서 1917년 혁명이 일어난 11월 7일은 러시아 구력(율리우스력)으로 10월 25일이기 때문에 '10월 혁명'이라 부른다. 혁명 이후 레닌은 율리우스력을 폐지하고 그레고리력을 채택했다.

역사가 우주선처럼 생긴
고리콥스카야 역.

하여, 혁명군은 겨울궁전Зимний дворец(지므니 드보레츠)으로 쳐들어가 러시
아 마지막 왕조인 로마노프 왕조를 무너뜨린 것을 공식화하고, 소비에
트 정권 수립을 선언했다. 바로 세계 최초의 마르크스주의 혁명이었다.
건조된 지 200년도 더 된 이 오래된 순양함은 근대 러시아에서 중요한
전쟁과 혁명의 역사를 모두 간직한 셈이다.

오로라 호가 있는 곳과 가까운 고리콥스카야Горьковская 역에 내렸다.
밖을 나와서 보니 역사가 꼭 우주선 모양으로 생겼다. 오로라 호가 정
박되어 있는 곳까지는 800미터 남짓, 거리가 꽤 있었지만 우리는 걷기
로 했다. 하지만 한참을 걸어도 오로라 호는 물론이고, 네바 강은커녕
실개천조차 보이지 않았다. 점점 거리의 인적도 뜸해졌고, 걷기에 지친
우리는 모두 조금씩 말이 없어졌다. 편안한 벤치와 시원한 아이스크림
이 간절하게 그리워질 무렵, 후각 센서를 작동시킨 택형이 주위를 두리
번거리며 쿵쿵대기 시작했다. 그러더니 우리가 걷고 있던 방향이 아닌,
약간 다른 쪽으로 뻗은 길을 가리키며 말했다.

러일전쟁과 10월 혁명 등 러시아의 역사와 함께 세월을 지나 온 오로라 호.

"저쪽에서 짠 냄새가 난다!"

대충 짐작으로 길을 걷던 우리에게 택형의 육감은 오로라 호 선장의 지령과도 같았다. 그는 여행 시작 며칠 만에 검증된 인간 내비게이션이었다. 과연 그가 가리킨 방향으로 몇 블록 걷다 보니 유유히 흐르는 네바 강과 오로라 호가 떡하니 나타났다.

오로라 호는 입이 딱 벌어지게 멋있거나 거대하지는 않았다. 대신, 이 도시에 생명을 주는 강 위에서 묵묵히 역사를 간직한 단단함이 느껴졌다. 이 배가 더 위풍당당해 보였던 건 현재 해군 박물관으로 쓰이고 있으면서도, 휴일이라 개방하지 않는다는 고집이었다. '나는 군함이다! 관광객들을 위해 만들어지지 않았다!' 이건가. 하릴없이 우리는 배가 정박해 있는 곳에 깔끔하게 정돈된 모습으로 늘어서 있는 기념품 판매대 근처에 앉아 속이 꽉 찬 바닐라 아이스크림을 베어 물었다.

과연 근처 기념품 노점에는 해군 모자나 해군 티셔츠 등 해군 관련 상품들이 가득했다. 우리가 아이스크림을 먹으며 설렁설렁 그것들을 훑어보는 동안, 설뱀은 군 시절의 아련한 추억에 빠진 듯 새하얀 해군 모자에서 눈을 떼지 못했다. 수스키가 그 모습을 보고는 말했다.

"형, 어울린다. 하나 사!"

"아냐. 너 '인천공항의 기적'이라는 말 못 들어봤어? 현지에서 사는 기념품은 인천공항 출국장에서부터 가치가 확 떨어져서, 다시는 꺼내 보지도 않게 된다는 전설이 있어."

"그래도 지금 사면 적어도 닷새는 쓸 수 있을 텐데."

내가 덧붙였다. 그러자 설뱀은 차마 발길을 돌리지 못하고 계속 모자만 만지작거리며 대꾸했다.

해군 박물관으로 쓰이고 있는 오로라 호 근처에는 해군 관련 기념품 노점이 많다.

"뭐, 그렇긴 하지? 일단 고민 좀 해보고."

그 뒤로도 설뱀은 가판대를 지날 때마다 해군 모자만 눈여겨보는 듯했다. 바다의 물결과 군함 갑판의 질감, 군대를 상징하는 어떤 사소한 것들에서도 군 생활 그 시절 이야기들이 떠올랐으리라. 그런 형을 보니 그렇게라도 그 푸르른 젊음의 일부를 추억할 수 있다는 것은 복이라는 생각이 들었다.

대한민국 남자에게 사연 없는 군 생활이 어디 있으랴. 부대가 달라도 군대 이야기 보따리는 언제든 술술 풀려 나온다. 설뱀은 해병대, 택형은 공익, 수스키는 GOP, 나는 군악대 출신. 이 군함 앞에서도 저마다의 이야기가 스쳐 갔을 거다. 나는 전역하고서 곧장, 내 후임들이 참가한 세계 군악 축제에서 자원봉사자로 일한 적이 있다. 축제에서 눈길을 가장 많이 끌었던 것은 단연코 러시아 군악대. 절도와 화려함은 물론 여군들이 많아 아름다움과 부드러움까지 갖추고 있었다. 당당한 오로라 호 앞에서 문득, 러시아 군악대의 그 위풍당당하고 아름다운 무대가 떠올랐다. 하지만 보이는 게 전부가 아니란 생각도 함께 스쳐 갔다. 나도 그런 멋들어진 군악 행사 이면에 잡역으로도 고생했던 시간들이 많았는데, 이름 모를 러시아 군인들은 오죽할까. 군대에서 눈 치우는 일은 제설 '작업'이 아니라 제설 '작전'이라 하지 않던가. 눈 덮인 시베리아 벌판에서 커다란 제설 삽을 든 군인이 망연자실하게 서 있는 모습을 떠올리니 상상만으로도 손발이 시려왔다.

노을마저 약동하는
도시 산책

●

by 준스키

네바 강을 끼고 하염없이 산책하던 우리. 지도를 보던 설뱀이 의미 있는 유적이라며 갑자기 우리를 정원이 있는 작은 단층 건물로 이끌었다. 그곳은 표트르 대제가 늪지대였던 이 지역에 도시 건설 사업을 시작할 당시 머물렀던 오두막. 이 초라해 보이는 작은 집이 300여 년 전 상트페테르부르크에 세워진 역사적인 첫 건물이라고 한다. 작은 단층 건물 안에는 방과 회의실이 아기자기하게 복원되어 있었고, 그가 만들었던 요트도 전시되어 있었다.

상트페테르부르크는 300년 전에 이 오두막에서 도시 건설을 진두지휘했던 표트르 대제의 욕망으로 만들어진 도시였다. 이 부지런한 지도자는 네바 강 하류와 발트 해가 만나는 곳에 유럽을 향한 전초기지를 건설하려 했고, 네덜란드의 암스테르담을 모델로 허허벌판이었던 늪지대를 이토록 멋진 도시로 만들어냈다.

상트페테르부르크를 지키기 위해 지어진
토끼섬의 페트로파블롭스크 요새.
이 도시에서 가장 높은 건축물인 황금 천사상 첨탑이 있다.
내부의 대성당은 표트르 대제부터 러시아 마지막 황제까지 거의 모든 러시아 황제들
이 묻혀 있는 역사 박물관이기도 하다.

그의 욕망을 더듬게 해주는 이 낡은 목제 오두막을 두터운 벽돌로 둘러싸 보존할 만한 가치는 충분한 거다. 그의 정치적 야욕이야 네바 강을 따라 발트 해로 흘러가버린 지 오래지만, 이런 도시가 존재한다는 건 지구 상의 축복이니까.

오두막 앞에 놓인 벤치에 앉아 잠시 쉬려는데, 우리의 시선이 한곳에 가 멈췄다. 표트르 대제의 흉상을 둘러싼 울타리에는 모서리마다 황금빛 새 조각이 장식되어 있었는데, 한 모서리만 아무 장식도 없이 비어 있었다.

"저거, 누가 훔쳐간 것 같은데?"

"맞네. 한쪽만 없을 리가 없잖아. 저걸 떼 갈 생각을 하다니, 러시아 형님들도 참 대단하다."

그 황금색 새들은 러시아가 17세기부터 국장國章으로 쓰는 '쌍두독수리'였다. 황실의 권력을 상징했던 비잔틴제국의 유산. 황금 쌍두독수리는 정원, 공원 어디에서나 울타리나 문을 장식할 때 자주 쓰인다고 하니 표트르 대제의 오두막 정원에만 있는 것은 아니었던 모양. 가짜 황금 독수리라도 훔쳐갈 만한 이유가 충분했던 거다.

우리는 네바 강 하구 삼각주에 위치한 자야치 섬Заячий óстров('토끼섬'이라는 뜻)으로 발길을 옮겼다. 표트르 대제는 북방전쟁에서 스웨덴으로부터 이 땅을 되찾고는, 이 부근을 지키기 위해 습지였던 토끼섬을 요새로 만들었다. 페트로파블롭스크 요새Петропавловская крепость('베드로와 사도바울'이라는 뜻)라고 하는데, 표트르 대제의 오두막에서 조금 더 걸어가면 나온다.

표트르 대제는 당시 늪지대였던 상트페테르부르크에 신도시를 건설해버린다. 도시 건설을 직접 진두지휘할 때 머물렀던 오두막. 그리고 그의 흉상.

　18세기 초 스위스 건축가가 지은 이 르네상스 양식의 요새는 침략을 막는 요새로서의 역할도 했지만, 20세기 초까지 정치범 수용소로 사용되기도 했다. 러시아의 개혁을 부르짖었던 고리키와 도스토옙스키, 그리고 레닌과 함께 혁명을 이끌었던 트로츠키 등도 이곳에 수감되었었다고 한다. 요새 내부에는 '페트로파블롭스크 대성당'이 있는데, 이곳은 표트르 대제부터 러시아의 마지막 황제 니콜라이 2세까지 거의 모든 러시아 황제들이 묻혀 있는 역사 박물관이다.

　요새 내부엔 관광객들이 가득했다. 우리는 그 틈을 피해 다니다가 높다란 첨탑 앞 너른 광장에 멈추어 섰다. 보기만 해도 아찔한 황금빛 첨탑은 122.5미터로 이 도시에서 가장 높은 건축물이라고 한다. 꼭대기에 십자가를 안은 황금 천사상이 금방이라도 날아오를 듯 우뚝 서 있었다. 아무리 천사라지만, 저렇게 높은 곳에 매달려 있으면 무섭지 않을까? 그런 한가로운 생각을 하며 광장 벤치에 앉아 있을 때였다.

"저기 천사다!"

시끌벅적한 관광객들 틈에서 천사 같은 소녀가 중세 공주 드레스를 입고 모습을 드러냈다. 우리나라에서도 고궁에 한복을 입고 놀러 가는 사람이 있는 것처럼, 그 아이와 엄마도 중세 시대 귀족의 옷차림을 하고 놀러 나온 모양. 치맛단이 풍성하게 퍼진, 고풍스러운 멋이 있는 드레스는 주변 사람들의 시선을 한 몸에 받고 있었다. 두 모녀는 사람들의 시선을 즐기며, 서로 사진을 찍으며 놀고 있었다.

철딱서니 없는 우리는 "아 저런 옷을 입으면 어떻게 앉지?", "꼬마가 엄마 취향 맞춰주느라 고생이 많네" 악플 달듯 피식거리다가(악플은 극단적인 관심 표현 아니던가!), 그들에게 말을 걸어보기로 했다.

"꼬마야, 이름이 뭐니?"

"알료샤."

도스토옙스키의 《카라마조프가의 형제들》에 등장하는 주인공의 이름이다. 어머니에게 함께 사진 찍기를 부탁하자, 모녀는 익숙하다는 듯 자연스럽게 포즈를 취해주었다. 우리는 감사 인사를 전한 뒤에, 경망스러운 삼촌들 때문에 조금은 당황한 듯한 알료샤에게 인사동에서 사 온 남대문이 새겨진 손톱깎이를 선물로 주었다. 그러자 수줍게 웃으며 엄마에게 쪼르르 달려가 자랑을 하는 해맑은 모습이 영락없는 꼬마 천사였다.

러시아의 마지막 여섯 황제가 살았던 겨울궁전.
이곳은 에르미타주 박물관의 일부이기도 하다.
겨울궁전 앞마당에는 탁 트인 광장이 펼쳐져 있는데,
한가운데 알렉산드르 탑이 솟아 있다.
나폴레옹과의 전쟁 승리를 기념하기 위해 지어진 것.

카잔 대성당. 넵스키 대로를 향해 프리허그를 해줄 것처럼 양팔을 벌린 모양이다. 이 성당을 짓고 러시아는 나폴레옹 전쟁에서 승리를 거뒀다고 한다. 러시아인들이 이 성당을 보면 얼마나 뿌듯할까.

다시 넵스키 대로로

요새 성벽을 둘러싼 네바 강변의 넓은 잔디밭에는 어김없이 러시아인들이 일광욕을 즐기고 있었다. 그런 장면도 자주 보니 거침없이 옷을 갈아입거나 옷이 실종되어 있는 사람들을 스쳐가도 도리어 민망해하지 않고 그들을 물끄러미 바라볼 수 있는 여유가 생겼다.

요새에서 나와 네바 강을 가로지르는 다리를 건너면 여름정원과 피의 사원을 만날 수 있다. 여름정원은 이 도시를 만든 표트르 대제가 자신의 권위를 과시하는 파티를 열었던 곳이라고 한다. 300년 전부터 가꾸어진 정원에는 나무가 울창했고, 그때부터 같은 자리를 지켰을 수십 개의 석상들이 곳곳에 무심하게 서 있었다. 상트페테르부르크 중심에서 여름 햇살을 맞으며 여름정원을 거니노라니 황제 놀이가 따로 없었다.

모스크바 붉은 광장의 성 바실리 대성당을 닮은 피의 사원은 상트페테르부르크 한가운데에 위치한 명실상부한 랜드마크다. 피의 사원에서 네바 강을 따라 걷다 보면 겨울궁전과 성 이삭 대성당도 찾을 수 있다. 겨울궁전은 에르미타주 박물관의 일부이기도 한데, 이 궁전 앞마당 광장에도 높은 건축물이 있다. 바로 알렉산드르 탑. 이 광장과 광장 중심에 우뚝 솟아 있는 이 47.5미터의 탑은 절대왕권의 상징이었다고 한다.

고골의 단편집《뻬쩨르부르크 이야기》중 〈넵스키 거리〉는 처음에는 상트의 첫인상을 산뜻하게 표현하지만, 소설 마지막에는 "이 넵스키 거리를 믿지 마라! (……) 모든 것이 기만이고, 모든 것이 꿈이며, 모든 것이 겉보기와는 다르다!"면서 이 도시를 허위와 환영의 공간으로 만든다. 고골의 문학 작품 이외에도, 여러 작가들의 문장 속에서 상트페테르부르크는 인간의 탐욕이 만들어낸 인공도시, 영혼이 부재한 카오스의 공간으로 표현되기도 한다. 하지만 상트에 머무는 공기의 촉감이 그 문학적 상상이 가미된 문장처럼 혼돈스러울 리는 없다. 이 도시는 그만큼이나 눈부시다. 어디나 있는 인간의 속물성과 허영이 부각될 만큼.

피의 사원 옆으로 흐르는 물줄기를 따라가면 기둥들이 두 팔 벌린 듯 펼쳐진 카잔 대성당이 보인다. 넵스키 대로에 도착했다는 이야기다. 넵스키 대로에는 네바 강보다 더 활기차게 흐르는 사람들의 물결을 느낄 수 있다. 역사가 마치 숨을 쉬고 있는 듯한 거리 곳곳에서는 오래된 발랄함이 묻어난다. 이 도시에서는 노을마저 약동하는 것만 같다.

러시아의 베르사유,
여름궁전

●

by 준스키

서울은 며칠째 장맛비가 쏟아지고 있다는데, 그러거나 말거나 섭씨 15도의 상트페테르부르크는 연일 사랑에 빠질 것만 같은 신선한 날씨가 계속되고 있다. 그동안 백야 때문에 리듬이 달라져서 오전 10시는 되어야 부스스 깨어났는데, 오늘은 다른 때와는 달리 조금 일찍 일어나 길을 나섰다. 여름궁전Петергóф(페테르고프)에 가기로 했기 때문이다.

여름궁전은 상트에서 남서쪽으로 약 25킬로미터 떨어진 핀란드 만 연안의 소도시 '페트로드보레츠Петродворéц'에 위치해 있다. 우리 숙소에서 여름궁전에 가려면 지하철과 교외 열차, 버스를 갈아타고 한참을 가야 했다. 물론 상트 시내에 위치한 선착장에서 여름궁전까지 한 번에 가는 페리를 탈 수도 있지만, 왕복 요금이 650루블(약 2만 원)이라는 말에 우리는 그냥 다리품을 좀 더 팔기로 했다. 다행히 러시아의 대중교통에 익숙치 않은 우리를 위해 리나가 동행을 해주었다. 오가는 길이

긴 덕분에 러시아에 대한 이야기를 많이 들을 수 있었다.

"러시아 지하철은 칸과 칸 사이를 오갈 수 없는 것도 특이하고, 역과 역 사이도 무척 긴 것 같아요."

"예전에 스킨헤드가 극성일 때는 동양인이 스킨헤드와 같은 칸에서 만나기라도 하면, 다음 역에 도착할 때까지 계속 맞을 수밖에 없었대요. 그래서 동양인 여행자는 웬만하면 아줌마나 할머니 옆에 서 있는 게 좋다는 말이 있었어요. 그분들이 도와주니까."

"아니, 요즘도 그런 일이 있나요?"

"요새는 없대요. 이제 그런 일들은 싹 사라진 것 같아요. 푸틴이 마피아 같은 범죄 조직이나 스킨헤드들의 기세를 꺾어놨다고들 해요."

어쩐지 밤에 돌아다닐 때 어떤 으스스한 기운도, 먹잇감을 노리는 눈빛도 느껴지지 않더라니. 정말 푸틴 덕분인가? 얼마 전 푸틴 대통령이 표범을 끌어안고 찍은 사진을 본 적이 있다. 표범마저 다소곳이 안기게 만든 그라면, 게다가 왕년에 KGB 요원으로 활약했던 그라면 스킨헤드쯤은 거뜬히 때려잡을 수 있었을 듯도 하다.

"러시아 유학 생활은 어때요? 물가가 비싸다고 하는데, 생활비는 많이 들지 않아요?"

"다른 생활물가는 서울과 비슷한 수준인데, 여기는 외식비만큼은 굉장히 비싸요. 한국에서는 자취생들이 피곤하면 밖에서 대충 사 먹고 들어가기도 하잖아요. 그런데 여기에서는 요리하기 귀찮다고 매번 사 먹다가는 큰일 나요."

그녀는 장학금을 받고 유학 중이지만, 아르바이트로 어린 한국 학생

여름궁전. 20개의 궁전과 144개의 분수, 7개의 공원으로 이루어져 있으며, 공사 기간만 약 150여 년이 걸렸다고 한다.

들을 가르치는 일까지 하며 바쁘게 지내고 있다.

　"모스크바보다는 이곳 뻬쩨르 시민들이 더 친절하고 삶의 여유가 있는 것 같아요. 물론 제가 모스크바보다 뻬쩨르를 더 좋아하기 때문에 그렇게 느끼는 걸 수도 있지만요. 게다가 시민들은 뻬쩨르에 대한 자부심도 대단해요. 예전 수도이기도 했고, 문화예술 중심지니까요."

　러시아에서는 상트페테르부르크를 흔히 '뻬쩨르'로 줄여 부른다. 귀
여운 이름이다.
　"뻬쩨르는 러시아이면서 유럽의 분위기도 느낄 수 있는 곳이에요.
'유럽으로 열린 창'이라고도 하잖아요. 여름철의 백야도 매력포인트 중
의 하나죠. 물론 밤에는 너무 밝아서 커튼 없이는 잠들기 힘들 때도 있

지만요. 그래도 겨울이 되면 해를 보기 어려우니 뻬쩨르 사람들처럼 저도 이 기간에는 햇볕을 많이 쬐려고 해요."

과연, 햇살이 눈부셔 손으로 빛을 가리는 우리들과 달리 그녀는 햇빛을 마음껏 즐기는 것처럼 보였다.

눈부신 햇빛이 여름궁전의 대궁전에 쏟아져 내리고, 삼손 분수에서 높이 치솟은 물줄기가 햇살을 흩뿌리고 있었다. 여름궁전은 상트페테르부르크에 유럽 문화를 심어놓으려던 표트르 대제의 지시에 따라 1714년에 건설되기 시작했는데, 설계 당시 프랑스의 베르사유 궁전을 모델로 했다고 알려져 있다. 20여 개의 궁전과 144개의 분수, 7개의 공원으로 이루어져 있으며, 총 공사 기간만 약 150년이 걸렸다고 하니 그 규모를 짐작해볼 수 있다. 이곳의 궁전과 공원들을 잇는 가로수 길을 걷다 보면, '여기가 바로 천국이 아닌가?' 하는 생각이 절로 든다.

그러나 이 아름다운 분수들의 향연은 오직 여름에만 볼 수 있다. 기온이 영하로 떨어지는 겨울에는 분수 가동을 중단하고, 박물관만 열기 때문이다. 여름에 오길 정말 잘했다. 우리는 궁정 문화의 정수를 엿보며 한가로이 산책을 즐겼다. 키가 큰 나무들로 길게 뻗은 가로수길을 걷다 보니 웨딩드레스를 입은 7월의 신부와 곁을 지키는 말끔한 신랑도 보인다.

여름궁전의 표트르 대제 동상.

"날씨가 좋아서 그런지 결혼하는 커플들이 많네요. 시내에서도 저렇게 웨딩 사진 찍으러 온 신혼부부들을 많이 봤거든요!"

"막 결혼식을 마친 신혼부부들이에요. 러시아의 결혼식은 우리나라와 좀 달라요. 먼저 '작스ЗАГС(출생·사망·혼인신고 등을 주관하는 관청)'라는 곳에서 혼인신고를 하고, 신고를 마치고 나오면 친구들과 함께 아름다운 명승지들을 돌며 기념사진을 촬영하러 다녀요. 그리고 저녁에는 가족, 친구들과 함께 밤늦게까지 피로연을 열고요. 제가 전에 살던 기숙사 근처에 작스가 있었는데, 그래서 항상 창밖에서 '축하해!', '키스해!' 이런 함성이 들리곤 했어요."

가로수 길을 걷다가 한 갈림길을 지나는데, 사람들이 시끌시끌 모여서 무언가를 향해 동전을 던지고 있는 모습이 보였다. 다름 아닌 높다랗게 세워진 표트르 대제의 동상이었다. 아마도 동전을 표트르 대제 동상의 어느 부분에 던져 올리면 소원이 이루어진다는 속설이 있나 보다. 우리도 사람들이 떨어뜨린 동전을 주워 야구하듯 와인드업, 피융 날려본다. 동상 맞은편에는 거리의 음악가들이 마림바를 연주하고 있었다.

"러시아에서는 친구들끼리 주로 뭐하고 노나요?"

"주로 산책을 많이 하고요. 영화를 보거나 차를 마시기도 해요."

"러시아 영화는 볼 만한가요?"

"현대 영화 산업에 대해서는 잘 모르겠지만, 고전 영화는 참 굉장한 작품이 많죠. 〈모스크바는 눈물을 믿지 않는다〉, 〈운명의 아이러니〉는 러시아의 국민 영화라고 할 수 있는데, 제가 가장 재미있게 본 영화들이기도 해요."

여름궁전의 길고 긴 산책길을 걸으며 쉴 새 없이 이야기를 나누다 보니 모든 에너지가 방전된 듯했다. 우리는 매점에서 파는 핫도그 하나씩을 입에 물고 벤치에 주저앉았다. 그때였다.

"사진 찍을게요. 여기 보세요!"

그런 우리를 향해 셔터를 누르는 리나. 저녁에 그녀가 자신에게 한국어를 배우고 있는 러시아 친구들을 소개해주기로 했는데, 그 친구들에게 우리 사진을 보내겠다는 것이다.

"아, 아니! 잠깐만요!"

우리는 얼른 옷매무새를 가다듬었다. 왠지 미팅이라도 나가는 기분.

"오늘 소개해주실 그 친구들은 한국에 관심이 많은가요?"

"그 친구들뿐만 아니라, 주변에서도 한국에 대한 관심이 대단해요. 얼마 전에 코리안 파티에 다녀온 적이 있는데, 케이팝 동호회 열다섯 팀이 한국 가요에 맞추어 춤을 추더라고요. 관객들도 노래를 따라 부르며 함께 춤을 추고요. 저도 잘 모르는 노래들이어서 더 신기했어요. 요즘엔 한국 드라마 자막이 올라오는 사이트도 있어요. 한국에서 방영되고 일주일이면 자막이 올라와요. 한국에 대한 관심이 서서히 많아지고 있다는 걸 느끼죠."

한참 이야기를 나누다가 산책하다가, 한 바퀴 정도 돌았을 때 온몸이 노곤해진 우리는 돌아가기로 했다. 여름궁전에 있는 분수와 정원을 다 둘러보지도 못했지만.

"종일 걸었더니 하지정맥류 생길 것 같아."

설뱀이 다시 시내로 돌아가는 길에 버스를 기다리며 말했다. 여름궁전을 만든 표트르 대제도 이 커다란 정원을 샅샅이 거니는 산책을 즐겼다면 관절 이상, 근육통에 시달렸을 게 분명할 터. 결국 우리는 버스와 열차에서 기절하듯 잠에 빠져들었다. 발티스카야Балтийская 역에서 잠시 눈을 떠 지하철로 갈아탔는데, 아마 모르는 사람들 눈에는 좀비 넷이 비틀거리며 걷는 것처럼 보였을 것이다. 그리고 지하철 안에서 다시 곯아떨어지고 말았다. 넵스키 대로에 이르러서야 리나가 깨우는 소리에 눈을 떴다.

"저는 이곳에 살다 보니 오래 걷는 데 익숙해졌지만, 다들 오늘 고생하셨네요."

"같이 와주시지 않았다면 엄청 헤맸을 것 같아요. 이따 저녁에 함께 나오실 거죠?"

"아니요. 저는 일이 있어서 못 가요. 대신 그 친구들이 한국말을 꽤 잘 하니까 우리말로 이야기하시면 될 거예요."

처음 만나는 러시아 친구들. 러시아어도 모르고, 이 동네 맛집도 모르고, 어딜 가서 뭘 해야 할지도 모르겠는데, 그녀마저 없으면 어쩌란 말인가. 게다가 한국 드라마 속 주인공들을 상상하고 나왔다가 실망하면 어쩌지? 우리는 흘러드는 운하와 사람들을 바라보며 묘한 두려움과 설렘 사이에 서 있었다.

같이 걸어요,
미녀 삼총사

by 수스키

"그 친구들을 만나면 꼭 어디에 가자거나, 뭘 먹자는 말을 분명히 하셔야 돼요. 안 그럼 계속 걷게 될 거예요. 그게 노는 거거든요."

잉? 이게 대체 무슨 말일까. 우리에게 뻬쩨르에서 나고 자란 레알 뻬쩨르 친구들과의 약속을 잡아주며, 리나는 소풍 보내는 엄마처럼 신신당부를 했다. 배낭여행자들이야 여행지에서 걷는 게 일이지만 현지인들이, 그것도 꽃 같은 20대 소녀들이 종일 걷는다고? 호기심이 뭉게뭉게 피어오를 무렵, 카잔 대성당 앞에 서 있는 우리에게 '미녀 삼총사'들이 다가왔다. 그녀들은 쭈뼛쭈뼛 더듬더듬 서툰 한국말로 말을 걸다 자기들끼리 꺄르르 빵빵 웃음이 터져버린다.

"무어가…… 하고 싶어요? 산책?"

그중에서 한국말을 제일 잘하는 듯한 삐까가 묻는다.

"음, 밥부터 먹는 게 어때요?"

누구를 만나면 으레 먹는 게 우리 문화이거니와, 하루 종일 걷다 보니 배 속에선 음식물을 넣어달라고 볼셰비키 혁명이 일어나고 있었다. 그녀들은 자기들끼리 러시아 말로 한참을 쑥덕이더니 결국 적당한 곳으로 당첨. 따라오란다.

이번엔 카롤리나가 앞장선다. 대학에서 패션을 전공한 의상디자이너인 그녀는 한복을 직접 디자인할 만큼 한국에 관심이 많다.

"한국이 왜 좋아요?"

우리가 묻자, 그녀는 한국 드라마가 좋다고 한다. 거기 나오는 남자들은 하나같이 자상하고 능력 있고, 심지어 잘생기기까지 했단다.

"에이! 그거야 드라마니까 그렇죠. 솔직히 그 배우들보다야 진짜 현실 속의 제가 낫죠. 하하!"

농담으로 받아친 건데, 갑자기 카롤리나의 발걸음이 빨라진다. 하늘하늘 가냘픈 다리로 성큼성큼 잘도 걷는다.

"카롤리나, 같이 가요."

공산주의의 영향일까? 러시아에서는 여권女權이 높다. 버스 운전기사도, 경찰도 여성이 눈에 많이 띈다. 러시아에서는 남자보다 여자의 생활력이 강하다는데, 세계 최고의 미모를 자랑하는 러시아 여성들에게 이런 면까지 있을 줄이야. 음…… 우리, 꼭 한국에 돌아가야 하나?

리나에게 듣자 하니, 러시아에선 결혼 후 여자가 억척스럽게 일을 하고, 남자가 그렇지 못하는 경우가 꽤 있다고 한다. 높은 이혼율이 어쩌면 그것과 관련이 있는 것인지도 모른다. 카롤리나가 좋아했던 한국인 남성상은 러시아에서 결핍되어 있는 일상 속 남성들의 모습을 채워

주고 있는 건 아닐까. 그래서 한국 남자들이 바지런히 일하는 모습이 러시아에서 인기가 많은 것인지 모르겠다. 지금도 사무실에서 본인과 가족을 위해, 진땀 빼고 있을 가장들이 이 말을 들으면 어떨까.

그러다 문득 러시아 남자들이 행복할까 한국 남자들이 행복할까라는 짓궂은 생각이 들었다. 한국 남자가 가질 수 없는 여유를 러시아 남자가 가졌다면, 한국 남자는 러시아 남자에게 없는 질긴 생활력과 인내를 가졌다. 나는 둘 중 어느 한 모습이 아니라, 둘을 섞어 마트료시카 인형에 넣고 위아래로 있는 힘껏 흔든 다음, 깔루아밀크 같은 칵테일로 만들어버렸으면 좋겠다는 생각을 해본다. 모든 걸 다 갖춘 팔방미인은 현실에 존재할 수 없는 것처럼. 어쩌면 삶이라는 건, 모든 이상들의 언저리에서 나에게 맞는 옷을 찾아가는 과정일지도 모르겠다. 물론 그 옷이 맘에 안 든다고 환불할 수도 없는 노릇이니 생이 쉽지 않은 것임은 분명하다.

"수스키, 빨리 와."

생각을 따라가다 걸음을 놓쳤다. 생각하는 것 하나도 이렇게 쉽지 않은데, 이상향들을 향해 내 삶을 맞추기란 얼마나 어려울까. 그것들은 언제나 현실 저편에서 아득하게 손짓하는 것만 같다. 우선 지금은 미녀들이 부르니 또 부지런히 쫓아가야지.

"같이 가요!"

"보드카 안 드세요?"

식당에 도착하자, 소녀감성 러시아 미녀 삼총사는 능숙하게 체리맥주를 시킨다. 러시아 사람들은 보드카만 먹는 줄 알았다는 내 말에, 이

도시 어디를 가나 운하를 만날 수 있는 물의 도시, 상트페테르부르크.

번엔 마샤가 나선다.

"아저씨!"

아저씨들이 주로 보드카를 먹는단다. 하긴 생각해보면, 한국에서도 독한 소주는 주로 아저씨들이 먹으니까. 나도 소녀감성 체리맥주로 한 잔. 새콤달달한 맛이 탄산과 함께 입 속에서 터진다. 역시 주류 문화가 꽃피는 러시아 답다는 생각을 하고 있는 찰나. 뻬까가 묻는다.

"한국에는 체리맥주 없어요?"

음, 없나? 어찌 그 많은 폭탄주를 다 헤아릴 수 있을까.

"있었겠죠. 당연히!"

네바 강을 가로지르는 열두 개의 다리. 밤이 되면 각각 하나씩 열리는 장관이 펼쳐진다.

우리는 또 이렇게 음주로 하나가 된다. 세계에서 술을 가장 많이 소비하는 나라 러시아, 그리고 둘째가라고 하면, 왠지 전국의 애주가들이 들불처럼 일어나 우리도 질 수 없으니 일인 일병 할당제를 당장 실시하자고 할 것 같은 나라 한국. 둘이 만나 만들어내는 독특한 드렁큰 시너지란. 이쯤 되면, 중국의 최고의 주당 이백도 부러워서 다시 살아나 버릴 것만 같다. 역시, 매직 파워 알코올 힘!

그렇게 한참을 떠들다 나선 술집. 늦은 시각이었지만 밖은 여전히 어둡지 않다. 백야 때문이었다. 민망하기보다는 푸릇푸릇한 하늘이 오히려 운치 있다. 그리고 그런 하늘 아래서의 산책이라니. 도시 어딜 가

215

건물 입구를 떠받치고 있는 열 개의 아틀라스 동상. 발을 만지면 소원이 이루어진다고 한다.

나 볼 수 있는 물길에 짙푸른 하늘과 나트륨 불빛 석조건물이 데칼코마니처럼 비친다. 그 사이에 배를 띄워 노는 사람들의 여유란. 이 순간이 오래도록 기억에 남았으면 좋겠다. 눈도 크게 뜨고, 귀도 열고 보고, 변태처럼 바람 냄새도 킁킁거려본다. 발길은 넵스키 대로에서 스톡만 Stockmann 백화점을 지나 네바 강변으로 이어지는 길을 따라갔다.

"저기 저 동상 보여요?"

에르미타주 미술관 쪽으로 향하던 삐까가 묻는다. 2~3층 높이는 족히 될 듯한 열 개의 동상이 건물 입구 천정을 받치고 서 있었다. 그 모습이 꼭 하늘을 떠받치고 있는 아틀라스 같다고 하자, 삐까가 깜짝 놀라며 말한다.

"어! 아틀라스 동상 맞아요. 발을 만지면 소원이 이루어진대요."

그런데 문제는 소원을 들어주는 동상이 열 개의 동상 가운데 딱 하나라는 것. 삐까는 그 한 녀석이 누구인지 열심히 생각해내려고 했지만, 끝내 알아내지 못했다. 우리는 그냥 열 개의 동상들의 발을 하나씩 다 만져보기로 했다. 그중에 한 놈은 걸리겠지 뭐. 미녀 삼총사에게 어떤 소원을 빌었냐고 슬쩍 묻자, 역시 남자 문제다. 한국인이든 러시아인이든 푸릇푸릇한 젊은이들의 최고 관심은 역시 사랑인가 보다.

아름다운 도시 구석구석을 걸으며 우리는 러시아에 대해, 한국에 대해, 그리고 우리가 먹었던 음식과 봤던 건물과 만났던 사람들에 대해서 깔깔거리며 떠들었다. 지금 생각해보면 뭐 그리 대단한 이야기도 아니었는데, 그땐 그렇게 재미있을 수 없었다. 그리고 나는 상트페테르부르크의 이름 모를 길과 골목들을 기억 속에 담으며 생각했다. 이렇게 예쁜 거리를 걷지 않는다면 이 도시를 여행하는 자로서의 직무유기가 아닐까.

어느덧 미녀 삼총사와 헤어질 시간이 됐다. 우리는 그녀들과 작별 인사를 하며, 다음번엔 꼭 서울에서 만나자고 약속했다. 언제 다시 만날 수 있을까? 그때 저 멀리서 네바 강을 건너지르는 도개교跳開橋의 문이 서서히 열리기 시작했다. 들어 올려진 다리 아래로 배들이 몸을 조금씩 움직이며 지나간다. 점점 더 멀어지는 배들이 유난히 야속해 보이지만, 그래도 이 예쁜 도시에 다시 와야 할 이유가 하나 더 생겼다는 데 만족하고 기꺼이 작별 인사를 한다.

세상에서 가장 신비스럽고
아름다운 은신처로 들어가는 비밀의 문.

일생에 한 번은
에르미타주

●

by 준스키

카카야 크라시바야

영화 〈비포 선라이즈〉는 빈에서 파리로 향하는 유럽 횡단열차 안에서 우연히 만난 남녀가 사랑에 빠지는 모습을 보여준다. 그렇게 길에서 빠지는 사랑은 아마도 맹목적으로 상대방을 이상화하는 방식일 것이다. 여행은 남녀가 사랑에 빠지기에 너무나도 아름다운 공간과 시간을 만들어낸다. '사랑하기 좋은 날'과 '사랑하기 좋은 곳'. 조금 가을 같은 신선한 바람이 부는 햇살 따스한 날, 상트페테르부르크라면? 누구에게라도 연애의 기술 따윈 필요 없을 거다.

아침 일찍 에르미타주 미술관에 가는 길, 넵스키 대로 역에서 내려 그리보예도프 운하를 따라 미술관 방향으로 걷고 있는데 갑자기 소나기가 내렸다. 우리는 급히 비를 피하기 위해 흔한 고풍스러운 건물 차양 아래로 뛰어 들어갔다. 그곳에는 엄마와 딸로 보이는 여인 둘이 우리보다 먼저 들어와 비가 멈추기를 기다리고 있었다. 우리는 반가운 마음에 인사를 건넸다. 소녀의 이름은 라일라. 서툰 영어에 수줍은 미소가 귀여웠다.

"어디서 왔어요? 러시아 어디?"

"블라디보스토크……."

"앗! 우리도 거기 가봤어요!"

하지만 라일라는 그다지 놀라는 기색도, 별다른 대꾸도 없었다. 부끄러운 건지, 영어를 알아듣지 못한 건지, 비가 빨리 그쳐서 이곳을 벗어나고 싶은 건지. 그래서 나는 어색한 침묵을 깨고 이렇게 말했다.

"카카야 크라시바야 제부시카 $_{какая\ красивая\ девушка}$(당신은 정말 아름답습니다)."

이때 휴대폰을 열심히 뒤적이면서 더듬더듬 부끄러운 듯 말하는 것이 포인트다. 아니나 다를까, 라일라 모녀는 웃음을 터뜨렸다. 그렇게 우리는 야트막한 하늘 가리개 아래 옹기종기 모여 서서 빗소리보다 더 시원하게 웃을 수 있었다. 웃게 하는 마법의 주문 대성공! 이후에도 우리는 이 방법으로 아름다운 미소를 몇 번이나 더 만들어냈다. 철도 없지.

비가 조금 잦아들자 우리는 피의 사원과 카잔 대성당을 잇는 운하를 따라 뛰기 시작했다. 일생에 단 하루 에르미타주 미술관에 가는 날일지도 모르는데 더 이상 길에서 시간을 보낼 수는 없었다.

세상에서 가장 아름다운 은둔소

상트페테르부르크의 에르미타주 미술관은 러시아 국립 박물관이자 세계 3대 미술관의 하나로 꼽힌다. 18세기에 예카테리나 2세가 왕실인 겨울궁전 옆에 작은 별궁을 지어 수집품을 보관하던 것이 그대로 오늘날의 미술관이 되었다. 당시 그녀는 이 작은 궁전을 종종 '에르미타주Ermitage(프랑스어로 '은둔소'라는 뜻)'라고 부르곤 했는데, 이후 그 이름이 이곳의 정식 명칭으로 굳어졌다. 누구보다 고품격 문화에 관심이 많았던 예카테리나 2세가 직접 구입한 수천 점의 예술 작품들에 더하여, 1917년 10월 혁명 이후 볼셰비키에 의해 몰수된 귀족들의 소장품까지 이곳에 보관되면서, 현재 에르미타주 미술관은 300만 점의 명화, 조각상, 유물 등을 소장한 세계 최대 규모의 미술관으로 진화한 것이다.

우리는 알렉산드르 탑이 우뚝 서 있는 궁전 광장 쪽 정문이 아닌, 네바 강변에 접하고 있는 뒷문을 통해 에르미타주에 들어섰다. 비가 추적대는 평일 낮이었는데도 매표소에는 줄이 길게 늘어서 있었다.

"우리는 어제 인터넷으로 미리 예매해서 줄 안 서도 돼. 빨리 들어가자. 에르미타주 미술관에 있는 작품들을 1분씩만 감상해도 모두 둘러보는 데 8년이 걸린다잖아."

그만큼 엄청난 규모를 가졌다는 미술관이지만, '루브르 박물관' 하면 〈모나리자〉가 떠오르는 것과는 달리 내게는 '에르미타주' 하면 떠오르는 대표 작품이 없었다. 그런데 설뱀은 달랐다. 이곳에 있는 '불교 탱화'를 꼭 보아야 한다고 했다.

"무척 보고 싶었던 작품인데, 그게 에르미타주에 있다는 걸 알고 그

걸 내 평생에 언제 볼 수 있을까 했었지. 그런데 드디어 오늘 보게 되는 구나!"

설뱀은 정말 탱화를 위해 러시아에 온 사람처럼, 반짝이는 눈빛으로 흥분을 감추지 못했다.

미로 같은 에르미타주 미술관에서는 시간 약속이라도 하지 않으면 이산가족 되기 십상이었다. 우리는 미술관이 6시에 문을 닫으니, 5시쯤 로비에서 만나기로 하고 탱화를 향해 달려간 설뱀과 헤어졌다.

시간이 얼마 남지 않았다. 엑기스만 뽑아 보기에도 모자란 시간. 우리는 미술관 지도에서 추천하는 코스대로 걸으며 둘러보기 시작했다.

마티스의 〈춤〉, 렘브란트의 〈돌아온 탕자〉 등 이름만 들어도 왠지 반가운 유명한 그림들과 다빈치, 미켈란젤로, 라파엘로, 르누아르, 고갱과 피카소의 명불허전인 작품들도 있었다. 중요한 것은 에르미타주는 미술관이기 전에 궁전이었다는 사실. 동화 속에만 등장할 법한 오색영롱한 마법의 방들이 미로처럼 이어져 있었다. 길을 찾지 못하고 어디에 머물든지 보물들이 가득한 미로.

한 시간 정도 지도를 따라 걷다가 샹들리에가 멋진 방에서 나오는데, 마주 오던 웬 러시아 소녀 세 명이 우리를 보고 키득거렸다. 싸이의 〈강남 스타일〉이 최고 인기를 구가하던 때이니만큼, 한국에서 온 오빠들이 보기만 해도 즐거운가? 그렇게 생각하고 있는데, 소녀들이 성큼성큼 다가와 서툰 영어로 말을 걸었다.

"헬로!"

아, 이렇게 헌팅 당하는구나. 이런 느낌, 처음이다.

전시된 작품들을 1분씩만 감상해도 모두 둘러
보는데 8년이 걸린다는 에르미타주 미술관. 너
무 자세히는 보지 말자. 서른 줄에 들어가 불혹
에 나올지도 모른다.

"어디서 왔어요?"

"코리아, 사우스. 알아요? 당신들은 어디서 왔어요?"

"우흐타! 우흐타!"

소녀들은 발음하기도 어려운 지방에서 수학여행 온 고등학생들이었다. 그들은 우리에게 이름이 무엇이고, 나이는 몇 살이고, 얼마나 여행하는지 등을 물어보았다. 아무것도 바라는 것 없이, 그저 낯선 세계의 사람들에 대한 호기심을 솔직하게 드러내 보이는 아이들의 순수함이 귀여웠다. 클레오파트라를 닮은 다스비치, 잘 웃는 발야, 영어를 잘해 말이 더 잘 통했던 금발의 레라. 쉴 새 없이 까르르 웃는 발랄한 소녀들과 별것 아닌 대화를 나누었던 그 시간은 에르미타주에서, 아니 상트페테르부르크에서 가장 설레는 시간이었다!

"그런데 왜 우리한테 말을 걸었을까?"

소녀들이 다시 무리 속에 섞여 멀어지는 모습을 바라보다가, 문득 소녀들과 가장 신나게 대화를 했던 수스키가 입을 열었다.

"우리가 좀 생겼나?"

기분 좋아진 내 말에 택형이 짐짓 분석에 들어갔다.

"뭔가 다르게 생긴 사람들이 커다란 카메라를 들고 다니니 신기했겠지."

사랑의 바보는 항상 운명 같은 인연을 믿는 법. 어쨌든 기분 좋은 설렘에 취한 우리는 에르미타주 지도를 주머니에 구겨 넣어버렸다. 그리고 이젠 발길 닿는 대로 옮겨 다니며 미술품과 장식품들을 사이를 누볐다. 길을 잃어도 상관없었고, 작품의 이름이나 설명 따위는 중요하지 않

세상의 모든 시선을 사로잡는 아름다움.
그 이름조차 신비스러운 에르미타주.

"어디서 왔어요?"
"코리아, 사우스. 알아요?"

았다. 행복했다.

에르미타주에서 폐관 시간까지 꽉 채운 우리 네 사람은 쏟아져 나오는 세계 각국의 관광객들로 붐비는 로비에서 다시 만났다. 그때 수스키가 보여준 카메라 속 사진 한 장 때문에 우리 셋은 모두 쓰러지고 말았다.

"아니, 이건 언제 찍은 거야?"

사진 속에서는 조금 전 우리에게 말을 걸었던 귀여운 러시아 소녀들과 수스키가 다정하게 포즈를 잡고 있었다. 나와 택형은 쏙 빼놓고 저 혼자서만. 사진 속에서 소녀들의 해맑은 미소와 함께한 수스키가 부러워 죽을 것만 같았다.

"에헴! 의자왕이 이런 기분 아니었을까?"

언제라도 그곳을 떠올릴 때면 함께했던, 혹은 스쳐 갔던 그 시간과 공간의 감촉이 떠오를 것이다. 다시는 만날 수 없을지라도. 그건 사랑을 추억하는 방식 아닌가. 그렇게 우리는 길에서 항상 사랑에 빠진다. 어쩌면, 사랑하기 위해 매일 짐을 꾸리는 건지도 모르겠다.

마린스키 극장
순례기

●

by 준스키

러시아 발레 강박증

누구나 '발레' 하면 차이콥스키의 〈백조의 호수〉를 떠올릴 것이다. 사실 발레는 이탈리아에서 시작되어 서유럽에서 융성했지만, 후발 주자였던 러시아는 대쪽 같은 지원 정책과 귀족들의 관심으로 세계 최고의 발레단을 탄생시키며 꽃을 피웠다. 발레의 수준은 곧 '군무群舞'의 수준이라고 하는데, 이러한 칼군무의 정수를 맛볼 수 있는 러시아 발레!

러시아 발레를 대표하는 볼쇼이 발레단과 마린스키 발레단은 세계 5대 발레단에서 당당히 두 자리를 차지하고 있을 만큼 세계 발레 예술계에서 러시아의 입지를 드높이고 있다. 두 발레단은 각각 모스크바와 상트페테르부르크에 전용 극장을 가지고 있는데, 볼쇼이 극장과 마린스키 극장 모두 유네스코 지정 세계문화유산에 등재되어 있다.

매일 발레와 오페라, 오케스트라 공연 등이 쉴 새 없이 열리는 문화

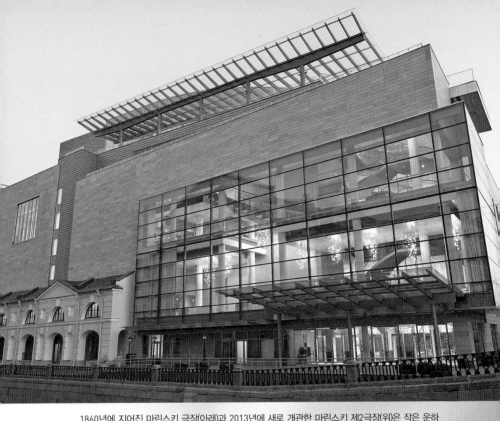

1860년에 지어진 마린스키 극장(아래)과 2013년에 새로 개관한 마린스키 제2극장(위)은 작은 운하
를 사이에 두고 마주 보고 있다.

예술 중심 구역 앞에서 우리는 설레고 있었다. 마침 우리 숙소도 마린스키 극장과 아주 가까운 곳에 있어서인지, 상트페테르부르크의 마린스키 극장은 반드시 가야 한다는 사명감(?) 비슷한 것이 꿈틀댔다.

"러시아 칼군무 궁금하네. 요즘 잠들기 전에 '빠빠빠 점핑점핑' 하는 뮤직비디오 한 번씩 보는데 오늘 같이 보고 자자. 아이돌 그룹이 이렇게 진화할 줄은 정말 몰랐어."

설뱀의 추천으로 우리는 함께 헬멧을 쓴 여성 아이돌 그룹의 독특한 군무를 감상하고 잠자리에 들었다. 장르는 다르지만 우리나라에서도 오래전부터 칼군무가 사람들에게 사랑받으며 진화하고 있었던 거다. 이제 그 칼군무의 정수가 코앞에 있다. 우리가 상트페테르부르크에 머물렀던 기간에 마린스키 제2극장에서는 발레리노들의 군무가 인상적이라는 〈스파르타쿠스〉 공연이 두 차례 열릴 예정이었다. 공연이 열리는 첫날, 우리는 일어나자마자 부랴부랴 마린스키 극장 홈페이지에서 예매를 시도했다. 발코니에 가장 싼 자리가 몇 군데 있었지만, 몇 차례 알 수 없는 결제 오류가 일어나는 바람에 그만 자리를 놓치고 말았다. 허망하게 마우스 버튼만 까딱까딱하다가 수스키에게 물었다.

"내일 티켓은 좀 남아 있는데, 내일 거라도 지금 예매할까?"

"공연 직전에 파는 암표를 구하면 훨씬 싼값에 좋은 자리를 살 수도 있지 않겠어? 그냥 이따가 직접 가서 사보자!"

"그래, 오늘 가보고 아니면 내일 또 가보면 되니까."

그러나 그건 큰 실수였다. 저녁 공연 시간에 맞추어 마린스키 극장에 갔더니, 잘 차려입은 사람들이 매표소 앞에 줄지어 서 있었다. 슬쩍 보니 이제 티켓은 값이 꽤 비싼 자리밖에 없었다. 우리는 매표소 앞을 서성이며 암표상을 기다렸지만, 암표상인 듯한 사람은 코빼기도 보이지 않았다.

"남은 자리는 좀 비싼데, 어쩌지?"

"내일 다시 와보자. 암표상 한 번 더 찾아보고, 없으면 내일은 비싸더라도 좋은 자리를 사면 되겠지, 뭐."

"그럼 출출한데 식당이나 찾아보자."

마린스키 극장 근처에는 국립 림스키코르사코프 음악원이 있다. 1862년 설립되어 차이콥스키, 프로코피예프, 쇼스타코비치 등 그 이름만으로도 역사가 되는 음악가들을 배출한 곳이다. 그런데 우리에겐 그것보다 당장 주변에 먹을 게 없다는 사실이 중요했다. 넵스키 대로에서 버스를 타고 10분이 채 걸리지 않는 곳인데 이럴 수가 있나. 근사한 레스토랑과 펍은 몇 군데 있었지만, 가난한 배낭여행자의 더듬이는 무의식적으로 그곳으로 향하기를 거부하고 있었다. 그때 할머니가 손주들에게 고쟁이에서 사탕을 꺼내 주듯, 설뱀이 주머니에서 주섬주섬 견과류 봉지를 꺼내 우리에게 나누어 주었다. 우리는 땅콩과 호두를 사이좋게 씹으며 터벅터벅 다시 넵스키 대로로 돌아갔다.

두 유 해브 티켓?

다음 날 저녁, 우리는 다시 마린스키 극장을 찾았다. 어제의 실수를 되풀이하지 않기 위해 넵스키 대로에서 미리 배도 채우고, 세계 최고의

마린스키 극장에서 발레 공연을 보기 위해서는 예매는 필수다.

발레 공연을 감상할 만반의 준비를 하고 찾아왔다. 그런데 아뿔싸! 이제 싼 표는커녕 비싼 표도 남아 있지 않았다. 정말 여기까지 와서 발레를 보지 못하고 돌아가야 하는 걸까?

"난 발레에 대해서 하나도 모르는데도 진짜 감동적이더라."

볼쇼이 극장에서 〈백조의 호수〉를 보았는데 정말 좋았다는 이노의 말이 자꾸 머릿속에 맴돌았다. 우리는 더 이상 가만히 서서 암표상을 기다려서는 안 되겠다는 결론을 내렸다. 그래서 우리가 직접 암표상을 찾아 나섰다.

"저 아저씨, 암표상 같은데?"

한 남자가 늘어진 티셔츠에 반바지를 입고, 손에는 '일수 가방'처럼 보이는 검은 가방을 든 채 수상하게 서 있는 모습이 눈에 띄었다.

"그러네! 저런 차림으로 공연을 보러 왔겠어?"

그때 수스키가 단호하게 말했다.

"그래도 우리가 먼저 말 걸어서는 안 돼. 지금 공연 시작이 임박했으니 암표의 가치도 급속도로 떨어지고 있을 거야. 그런데 이런 상황에서 굳이 우리가 먼저 말을 걸 필요가 있겠어?"

즉, 수스키의 논리에 따르면, 암표상의 애를 태워서 그가 먼저 말을 걸게 해야만 협상의 주도권을 쥘 수 있다는 것이다.

"오, 역시 수스키! 회사 몇 년 다니더니 이제 비즈니스의 기본을 아는구나!"

그렇게 우리는 몇 명의 암표상 후보들과 신경전을 이어갔다.

"수스키, 이제 공연 시작 10분 남았어. 이러다 저 아저씨 그냥 돌아가면 어쩌지?"

시간이 촉박해지자 당당하던 수스키도 당황하는 기색이 역력했다.

그렇게 우리는 계속 사방으로 눈을 흘기며 탐색만 이어가다가 시간만 흘려보내고 말았고, 공연 시간이 다 되었는데도 일수 가방을 든 남자들은 아무도 우리에게 말을 걸어주지 않았다.

"저 일수 가방, 혹시…… 여기서 지금 유행하고 있는 패션 아냐?"

그랬다. 주위를 둘러보니, 정말 일수 가방을 메고 다니는 사람이 유난히 많이 눈에 띄었다. 그러니까 우리는 남자들에게 유행하는 패션을 암표상 차림으로 폄하하고 있었던 건지도 모른다.

마침내 우리는 공연 시간이 지나도록 표 한 장 구하지 못하고 하릴없이 또 되돌아올 수밖에 없었는데, 일수 가방을 메고, 공연장 앞에서 휴대폰을 만지작거리는 청년이 우리 레이더에 들어왔다. 너무 있는 듯 없는 듯 서 있어 레이더망에 걸리지 않았던 거다. 저 사람이다. 느낌이 왔다. 일생에 언제 볼 수 있을지 모를 공연을 놓쳐 아쉬워 죽겠는데, 물어보는 것 정도야 밑져야 본전. 뒤돌아 슬쩍 지나가는 척하면서 말을 건넸다.

"티켓?"

"음?"

"티켓, 오페라 티켓?"

"으음?"

"티켓, 두유햅 티켓?"

"음, 아돈햅 티켓."

"오케이, 쏘리."

서로 당황스런 장면. 청년은 당황해 자리를 피했고, 말 꺼내놓고 미안했던 우리도 황급히 다시 뒤돌아 걸었다. 다른 이야기하는 척하면서. 저녁 8시가 넘었는데도 날은 또 왜 이리 훤하기만 한지. 그래서 더 짙은 아쉬움이 밀려들었다. 미리미리 예매를 해뒀어야 했다. 아니, 좀 비싼 표라도 살 수 있을 때 샀어야 했다.

"너무 아쉬워하지 마. 너 어차피 한국에서도 발레 안 보잖아."

냉정한 택형이 일침을 가한다.

"응, 그건 그렇지만……."

그 말이 맞다. 하지만 러시아 발레는 발레를 잘 몰라도 격한 감동을 준다지 않는가. 어쩌면 진짜 예술은 그런 걸지도 모른다. 모르는 이에게는 낯선 충격을, 아는 이에게는 더욱 풍성한 감동을 주는 것.

여유를 부리고 요행을 바라다가 극장 내부조차 구경하지 못한 우리. 시도하는 편이 하지 않는 편보다 후회가 훨씬 덜하다고 한다. 그런데 우리는 시도는 했으나 무식했던 탓에 두고두고 후회할 일을 만들고 말았다.

러시아까지 와서 발레를 못 보다니! 뭐, 훗날 상트페테르부르크에 꼭 다시 와야 할 이유, 그리움 하나 만들어놓고 왔으니 다행이라 할 수 있을지도 모르겠다. 러시아인들은 전쟁 통에도 이런 공연을 감상했다고 한다. 물론 여유 있는 귀족들이 그랬겠지만. 언젠가 다시 이 나라를 찾아서, 귀족 놀이 하고 말리라!

러시아에 와서 발레를 못 보다니. 이 나라에 꼭 다시 와야 할 이유를 또 하나 만들어놓은 셈이다.

러시안
스피릿

by 수스키

어젯밤 일이다. 심야버스를 타고 숙소로 돌아가는데, 웬 덩치 큰 녀석이 말을 걸었다. 그의 이름은 알렉세이. 자신을 클럽 DJ라고 소개했다. 뭐 DJ? 잘 만났다. 우리가 찾던 바로 그 사람!

"사실 우리는 클럽에 가면 스킨헤드에게 맞을까 봐 겁먹고 있어."

그러자 알렉세이는 손을 내저으며 말했다.

"아니야! '러시안 스피릿'은 그런 게 아냐."

"러시안 스피릿? 그게 뭔데?"

"이봐, 친구! 러시아에서도 맥주 한잔 하면서 인사하면, 어깨동무하고 '우리는 친구'가 된다고!"

"오, 그래?"

"한번 가봐. 정말 좋은 경험을 할 수 있을 거야."

그러면서 알렉세이는 우리에게 지도까지 그려주며 로모노소바 거리에 있는 한 클럽을 추천해주었다. 그리고 우리는 알렉세이와 그의 여자친구인 류보피에게 작별을 고하고 버스에서 내렸다.

마린스키 극장에서 두 번이나 허탈하게 돌아서야 했던 우리는 고대하던 러시아 발레를 눈앞에 두고도 보지 못한 아쉬움을 다른 것으로 달래기로 했다. 그것은 바로 러시안 스피릿! 우리는 시원한 바람이 불어오는 백야의 상트 골목길을 걸으며 알렉세이가 알려준 클럽을 찾았다. 그런데 걸어가며 곰곰 생각해보니, 알렉세이는 러시아인이잖아? 우리는 체구도 작은 동양인이고! 잠시 갈등. 우리는 조금 무섭기는 했지만, 그래도 한번 가보기로 했다. 도전!

백야도 한풀 꺾여 제법 어두웠다. 하늘은 어둡고 마음은 허하고, 낯선 나라에서 가장 궁금한 밤 문화를 캐보기 위한 최적의 조건이 만들어지고 있었다. 카잔 대성당 뒤편, 유유히 흐르는 운하를 따라 100여 미터 정도 걸었을 때였다.

"이쪽이 맞나?"

갈림길 앞에서 지도 담당 택형이 꼼꼼하게 방향을 챙긴다.

"스토니 아일랜드 호텔 방향이니까……, 이쪽인데."

조금 걷자 의심할 여지도 없이 저 멀리 쿵쾅거리는 음악 소리가 들린다. 쿵쿵쿵쿵! 어느 나라에나 있는, 젊은이들을 끌어모으는 소리. 나방들이 빛을 따라 모이듯, 젊은이들이 음악 소리를 따라 모여들고 있었다. 러시아는 술을 좋아하는 나라답게 흥이 있다. 그만큼 클럽도 많고, 밤새워 술 마시며 춤추는 문화도 발달해 있다.

"DJ들 중에서는 음악 선곡은 기본이고, 퍼포먼스를 하는 애들도 있어. 그것 때문에 유명해져서 연예계에 진출한 사람도 있고."

어제 만난 알렉세이가 한 말이다.

"우아, 그럼 너도 언젠가 TV에 나오는 거 아냐?"

"하하하! 그럴지도 모르지."

알렉세이는 클럽과 디제잉 이야기를 할 때면, 눈을 크게 뜨고 침을 튀겨가며 신이 나서 말했다. 자기 일에 대한 자긍심이 묻어났다. 이렇게 자기 일을 좋아할 수 있다면, 그깟 연예인이 뭐가 대수일까. 지금도 충분히 행복해 보였다.

도전! 두근두근 러시아 클럽

지도를 따라 걷다 보니, 알렉세이가 말하던 클럽이 나타났다. 2층에 있는 클럽에서는 현란한 조명이 거리까지 삐져나와 얼굴을 비춘다. 찰싹찰싹 조명이 따귀를 때리는 것 같아 그대로 서 있기 힘들다. 우리 앞에 있는 건물뿐만 아니라 여기저기서 우퍼 소리가 들리는 게 여러 클럽과 술집들이 다수 모여 있는 모양이다. 우리나라로 치면 홍대 같은 곳이랄까? 거리엔 역시나 술에 취한 청춘들이 비틀거리며, 분위기를 한껏 고조시키고 있다.

"이노가 클럽 가면 시비 붙을 수 있다고, 되도록 가지 말랬는데……."

갑자기 모스크바에 있는 이노가 떠오른다. 그렇게 와보고 싶었던 클럽이었건만 막상 들어가려고 하니 주춤거리게 된다.

"여행객들이 사고 나는 건 꼭 하지 말라는 짓 하고 다녀서 그런 건데. 그렇지, 준스키야?"

"음, 어……. 그럼 일단 이 동네 한 바퀴 돌아보고 분위기 제일 좋은 데로 갈까?"

그래, 우리는 분명히 제일 분위기 좋은 곳을 찾기 위해 곧바로 들어가지 않은 것이다.

"근데 저긴 기도 형님이 있네?"

기도. 그러니까 클럽 앞에서 수질 관리, 민증 검사, "기본 안주 얼마예요?" 등을 답해주는 클럽 직원이 있었다. 이곳도 우리나라와 크게 다르지는 않은 시스템인 것 같다.

"그럼 어차피 가는 거 저기, 기도 형님 있는 데로 가자."

준스키의 논리는 기도가 못 들어가게 하면 돌아 나오면 될 거고, 막지 않는다면 우리들이 가서 신나게 놀아도 된다는 뜻이니 오히려 안심이라는 것이다. 듣고 있으니 묘한 설득력이 있다. 우퍼 소리만큼 심장이 뛴다. 쿵쿵쿵쿵.

통과! 우리는 걱정과 달리 아무런 제제도 받지 않고, 싱겁게 실내로 쏙 들어와 버렸다. 쿵짝쿵짝쿵짝! 1층에 자리한 이곳은 빠른 비트의 음악이 흐르고 있었다.

"클럽이 생각보다 작은데?"

나는 꽥 소리를 지르며 말했다. 스테이지로 보이는 곳에서는 이미 음악에 몸을 맡긴 이들이 신나게 몸을 흔들어대고 있었고, 자리에 앉아서 술을 마시는 이들도 있었다. 우리는 우선 맥주를 시켰다. 최대한 자연스럽게. 우리도 매주 금요일 밤마다 와서 여기에 몸 좀 풀고 간다는

도전! 두근두근 클럽으로 가는 길. 괜찮아, 우린 좀 먹어주니까.

표정으로.

　그런데 슬슬 정신을 차리고 보니, 이곳에는 치명적인 단점이 있었다. 여기도 남자, 저기도 남자, 온통 남자뿐이다. 클럽 남탕론은 전 세계 어디서나 불변의 진리인가? 그나마 스테이지에서 신나게 춤을 추던 누님들이 내려가 버리자, 그 작은 스테이지가 벌판처럼 보인다. 황망한 마음에 입속으로 술을 부어보아도 채워지지 않는 공허함이 남는 건 한국이나 이곳이나 다르지 않다.

　"그런데 생각보다 우리한테 너무 관심을 안 주는데?"

　설뱀이 귀에 대고 소리를 친다. 여자들은 말할 것도 없고, 술을 마시는 남자들도 우리에게는 눈길 한 번 주지 않는다. 이노가 경고한 것도 있고, 우리가 쫄았던 것도 있는데, 그 모든 걱정을 무색하게 만드는 무관심이었다. 나가서 '강남 스타일' 춤이라도 격렬하게 춰야 하나? 다들 자신들만의 춤에 몰두한 나머지 우리에게 관심을 던져줄 만큼 한가로워 보이지 않는다.

우리는 술을 한두 잔씩 걸치고 벌겋게 달아오른 얼굴로 스테이지로 나간다. 그리고 비록 막대기 같은 몸이지만, 우리도 우리만의 춤에 시동을 건다. 알 수 없는 가사에 알 수 없는 멜로디이지만, 비트만큼은 참새 언덕에서 보았던 오토바이의 엔진 소리만큼이나 박진감 넘친다. 쿵쿵쿵쿵! 엉거주춤, 비틀비틀. 우리가 싸이와 같은 나라 사람이 맞는지 스스로도 의심스럽지만, 이 시간만큼은 그 누구의 눈치도 보고 싶지 않다. 평소에 그렇게 말이 없던 택형도 땀을 뻘뻘 흘리며 골반뼈가 탈골되도록 흔들어댄다. 우리는 키득키득 웃었지만 택형은 여전히 진지한 모습이었다. 눈치 보지 않고 충분히 즐길 수 있는 이 시간만큼은 온전히 우리의 것이었다.

"괜히 이노 말에 쫄았다."

"그래서 여행은 직접 와보기 전에는 모른다고 하는 거지, 뭐."

안심하고 마른 목을 맥주로 축이는데, 그때 껑다리 같은 녀석이 다가와 귀에 대고 큰 소리를 친다.

"@%$#%!"

우리가 러시아어를 알아들을 수가 있나.

"엥? 뭐지?"

그래서 나는 최대한 자연스럽게, '난 이 클럽에 매주 온다고 이 자식아!' 하는 느낌으로 짐짓 오만한 표정을 지으며 어깨를 으쓱했다. 그랬더니 그 껑다리 녀석은 우리 테이블에 놓여 있던 메뉴판을 휙 집어 들고 간다. 아마도 우리가 보던 메뉴판을 좀 가져가겠다는 말이었나 보다. 상황이 이해되자 오히려 자신감이 생긴다. 나는 벌떡 일어나 껑다리한테 다가갔다. 그리고 음악 소리에 묻히지 않도록 큰 소리로 외쳤다.

"너희들은 어떤 술 먹었냐? 우리에게도 추천 좀 해줘."

하지만 이번엔 껑다리 녀석이 영어를 알아듣지 못한다. 나는 손짓과 몸짓을 다 써가며 내 뜻을 설명했다. 그러자 껑다리는 그제야 알아들었다는 듯 우리에게 이곳의 맛있는 술과 먹을거리를 추천해준다. 클럽에 들어오기 전에 괜히 쫄았던 마음이 우스울 정도로 러시아의 클럽 분위기는 신나기만 했다. 그렇게 우리는 껑다리 친구들이 추천해준 것들을 먹고 마시며 상트의 나이트를 마음껏 즐겼다.

"불쌍한 이노. 이노는 지금까지 러시아에서 클럽 한 번 못 가본 거 아닐까? 하하하!"

"우리 이노한테 이렇게 이야기해주자! 러시아 클럽에 가면 진짜 분위기 험악하니까 절대 가지 말라고. 크크크."

여행이란 그런 것 같다. 일탈을 꿈꾸며 조금 위험한 곳에도 가보고, 은근히 작은 소동이 벌어지길 기대해보는 것. 그러다가 아무 일 없으면 살았다는 안도감에 더 유쾌해지는 것.

클럽에서 밖으로 나오니 새벽 2시를 훌쩍 넘긴 시각이었다. 숙소까지는 결국 걸어가야 했지만, 걷는 동안 나눌 이야깃거리를 아주 충분히 만들어가지고 나온 것 같았다.

어느새 정든
상트 민박집

●

by 준스키, 수스키

그리고 아무 말도 하지 않았다 by 준스키

"형, 여행에서 제일 기대되는 게 뭐야?"

여행 준비를 하던 어느 화창한 주말 아침, 종로의 한 카페에 모여 브런치를 먹으며 택형에게 물었다.

"난 여름에 유럽을 가보지 않아서, 백야가 제일 기대돼."

나도 여름엔 안 가봤는데, 어떨지 궁금하긴 했다. 작년 여름에도 금쪽 같은 휴가 동안 깨알같이 알차게 렌트카로 스페인을 돌았던 수스키가 설명해준다.

"그냥 지금같이 밝은 거야. 밤 10시가 되어도 지금 같다고 생각하면 돼."

설뱀이 우리의 미래를 예견한 듯 말했다.

"설마 우리, 밤 되면 피곤해서 다 뻗어버리는 거 아니냐. 그래도 꼭 채워서 놀자!"

내가 가장 기대했던 건 러시아에서 새로운 사람들을 만나는 일이었다. 여행이 좋은 건 뭐니 뭐니 해도 허물없이 좋은 사람들 만나는 거다. 마침 상트페테르부르크에서 머물 숙소를 예약하려던 참이었다.

"모스크바에서는 이노한테 신세를 질 테니까, 상트에서는 민박집을 예약해볼까?"

수스키 짜식, 역시 뭘 좀 알고 내가 하고 싶었던 말을 대신 한다. 지난 서유럽 여행에서 한인 민박에 머물면서 만났던 한국인 여행자들과의 정을 잊을 수가 없었다.

그래서 예약한 민박집. 상트페테르부르크에 도착하자마자 중심가에서 멀지 않은 곳에 위치한 아담한 주택에 짐을 풀었는데, 예상과 달리 머무는 사람이 우리뿐이었다. 호스텔 대신 조금 비싼 민박집을 선택한 이유는 든든하게 챙길 수 있는 아침 식사보다도 '사람'을 만나기 위해서였는데……. 우리는 한국 사람들이 머무는 곳에서 여행자들끼리 친해져서 함께 즐기고, 돌아와 그 로맨틱한 인연을 이어가는 그런 상상을 펼쳤다. 어디서 뭐 하고 있을지도 모르는 '새로운 인연'을 꿈꾸며, 서른 초중반 총각들은 무모하게 설레었더랬다.

유럽 여행의 극성수기인 7월 여름에 이곳에 한국인 배낭여행자가 많지 않다는 사실이 조금은 의아했다. 하긴, 상트페테르부르크에는 북유럽 여행을 다니다가 들르는 여행자, 출장차 잠시 머무는 비즈니스맨들이 대부분이라는 말을 듣긴 했었다. 유럽의 여느 유명한 도시마다 우후죽순으로 생겨나 경쟁하는 한인 민박도 이곳 러시아에서는 몇 군데 찾아보기 힘들다. 그나마 있는 곳들도 출장 온 이들을 위한 곳들이었다. 민박집이 기막히게 좋은 시설을 갖춘 것도 아니어서, 숙소에 처음 발을 들였을 때부터 고민이 시작되었다.

"음……, 옳길까?"

"그럴까? 어차피 우리 예약금도 하루치만 냈잖아. 처음 검색했을 때 중심가에 괜찮은 호스텔도 많았었는데."

"그럼 일단 오늘 좀 돌아다녀보고, 저녁에 돌아와서 다시 한 번 찾아보자."

그날 저녁, 맥주 한 잔을 걸치고 살짝 취한 채 백야 속 낯선 거리를 활보한 우리. 버스 노선을 몰라서 숙소로 돌아오는 길을 헤매다 지쳐서 말을 잃어갔다. 마치 산티아고 순례길을 다시 걷는 것만 같았다. 그러나 길을 헤맨 덕분에 하루 만에 이 도시의 거리들이 제법 익숙해진 뿌듯함은 있었다.

"이건 마치, 씻었는데 더럽혀진 기분이야."

숙소로 돌아오자마자 샤워실로 들어갔던 수스키가 색다른 경험에 놀라서 말했다. 민박집의 샤워실은 한국의 여느 대학교 근처에서 흔히 볼 수 있는 오래된 원룸 화장실과 비슷했다. 사실 그렇게 안 좋은 수준은 아니었지만, 배수가 잘 되지 않아 바닥에 물이 흥건했던 건 여러 나라를 여행하면서 흔히 겪었던 싸구려 호스텔을 떠올리게 했다.

히말라야 트레킹을 하고 온 뒤 머물렀던 네팔의 한 호스텔에서는 아침에 공용 샤워실 물을 틀었더니 녹물이 심하게 나와 씻지 못한 적이 있었다. 이때는 그래도 하룻밤에 3,000원밖에 하지 않는 곳이기도 했

우리를 잠시 고민하게 만들었던 상트의 민박집. 그러나 얼마 지나지 않아 우리는 더없이 아늑한 이 곳의 매력에 푹 빠져버렸다.

고, 산에 실컷 적응했던 뒤라 하루쯤 씻지 않아도 괜찮았다. 인도에서 묵었던 숙소에서는 추가 요금을 내고 끓인 물을 받아 쓰지 않으면 찬물 샤워를 해야 했는데, 샤워실 문을 열었을 때 작은 강아지만 한 쥐가 웅크리고 있어 놀랐지만, 역시 싼 맛에 그러려니 했었다.

그에 비하면 우리가 상트에 예약한 민박집은 포근하기 그지없는 곳인 거다. 다만 새로운 인연 만들기 계획이 대실패라는 사실을 믿고 싶지 않았을 뿐. 저녁에 삼겹살과 바비큐를 가운데 놓고, 낯선 여행지의 숙소에서 만난 새로운 사람들과 오순도순 둘러앉아 여행 이야기, 사는 이야기로 밤을 지새우는 낭만적인 상상은, 욕망의 우주 쓰레기가 태양계 탈출 속도로 지구에서 멀어지듯 영영 잡을 수 없는 것이 되어버렸다.

6년 전 블라디보스토크에서는 "절대로 밤 10시 이후에는 호텔 밖에 돌아다니지 말아라"는 말을 들었지만, 이곳은 그런 경고는커녕 백야의 축제를 즐기라고 부추기는 곳이다. 하지만 아름다웠을 밤, 노곤했던 우리가 선택한 것은 2층 침대와 두 개의 1층 침대가 있는 우리만의 공간에서의 휴식. 창밖 풍경은 통풍을 가로막는 앞집의 붉은 벽돌 벽뿐이었다.

그럼에도 불구하고 우리는 그새 이 작은 공간에 적응해버렸다. 안락한 침대에 누워 뒹굴거리다 보니, 이 이상 더 바랄 것도 없다 싶었다. 막상 지내보니 허름한 가정집 같은 민박집이 더없이 아늑하기만 했다. 익숙함에 길들여진 동물들에게 새로운 숙소를 다시 찾고 옮긴다는 건, 소득 없는 노동처럼 느껴졌다. 혹 불편함이 더 있다 한들, 그것은 게으른 자가 마땅히 겪어야 할 합당한 형벌일 테고.

우리는 금세 곯아떨어지며 조용히 중얼거렸다. '이곳도 충분히 괜찮다'고. 그리고 다른 델 찾아보자는 말도, 아무 말도 하지 않았다. 넉넉한 백야를 가득 채워 걷는다고 해도 온전히 느끼기엔 부족할 만큼, 매력 넘치는 이 도시에 취했던 탓이었는지도.

사진으로 담지 못해 더 기억나는 by 수스키

여행을 끝내고 돌아와 생각해보면, 사진으로 담지 못해 두고두고 아쉬워하는 것들이 있다. 화려한 건물이나 인상 깊은 유적지, 예쁘고 아기자기한 소품들이 아닌 일상에서 소소하게 마주치는 것들. 무심히 지나쳤지만, 지나고 나서 생각해보면 그 도시의 느낌과 색깔을 만들어주는 것들이다. 내가 묵었던 숙소의 아침밥 냄새, 출근 시간 버스를 기다리는 사람들, 그늘 아래 졸고 있는 개들. 그리고 무엇보다 여행지의 골목에서, 교차로에서 멍청이처럼 서 있는 나에게 크고 작은 도움을 줬던 사람들. 그들은 내가 주인공입네 하며 전면에 나서지는 않지만 언제나 여행지의 배경과 공간을 촘촘히 이루어 그곳의 인상과 느낌을 뭉게뭉게 만들어냈던 것 같다.

아무쪼록 그런 뭉게뭉게 중에서 최고로 아쉬운, 뭐랄까 여행지 베스트 조연상? 아니면 베스트 일상의 깨알재미상? 뭐 이런 이름을 붙여서 상이라도 주고 싶은 대상, 아니 사람이 있다. 바로 민박집 아주머니. 아주머니로 말할 것 같으면 1955년생으로 딱 우리 아버지와 동갑이다. "고조 우리 옌뻰에서는"이라는 말이 입에 착착 감기는 연변 출신이셨는데, 음식 솜씨는 또 얼마나 기가 막힌지. 아침밥도 두 공기씩 싹싹 비우곤 했다. 우리가 그렇게 밥을 싹싹 먹어치울 때마다 아주머니는 점점 더 많은 음식을 가져왔고, 급기야 마지막 날에는 닭을 밀탑빙수처럼 쌓아 올린 닭볶음탕과 생선구이, 계란프라이, 미역국 등 이게 대체 아침에 다 먹을 수 있는 메뉴인가 의심하게 할 정도의 음식들을 내오는 기염을 토하기도 했다. 아주머니에게는 우리 또래의 아들이 있다고 하셨는데, 아마도 고향에 있는 아들을 생각하시며 우리를 대해주셨던 것이 아닐까 싶다.

말 나온 김에 아주머니의 음식 이야기를 좀 더 해보면 이렇다. 밤에 우리가 숙소에 들어가며 맥주를 사 가면, 아주머니는 있는 반찬 없는 반찬 다 꺼내서 안주를 만들어주셨다. 그 바람에 어쩔 수 없이 안주가 남아 술을 더 사 오게 만들고, 그래서 술도 잘 못하는 네 명의 초식남들을 발그레 취하게 만들어버렸다. 그런가 하면 마지막 날에는 공항으로 떠나기 전에 잠깐이라도 들르라고 하셔서 보니, 밥이며 반찬이며 랩으로 일일이 먹기 좋게 포장해두시는 바람에 우리를 폭풍 감동으로 몰아넣기도 하셨다. 사실 그런 밥값은 당연히 별도로 비용을 내야 하는 것이지만 우리의 아주머니는 어머니의 마음으로 모두 공짜! 이러니 내가 생각이 날 수밖에.

내가 이런 아주머니를 좋아하는 데는 또 다른 이유가 있는데, 아주머니는 연배에 맞지 않게 은근히 소녀처럼 귀여운 면이 있다는 점이다. 이를테면, 내가 이즈마일롭스키 시장에서 400루블 주고 산 소련 군인 모자를 쓰고 어떠냐고 묻자 "고조 보안대 출신이네?"라고 진지하게 묻는다. 응? 보안대? 아주머니는 우리가 진짜 군인쯤 되는 줄 아신 거다. 옛 소련 마크가 큼지막하게 박힌 모자는, 머리 넣는 구멍은 작은데 윗부분은 쟁반처럼 커다래서 누가 써도 참 웃겨 보이는 마법 같은 모자였다. 우리는 이 마법 모자를 아주머니와 돌아가며 써보며 한바탕 깔깔거렸다.

또 한번은 "아주머니는 밤에 돌아다녀도 괜찮아요?"라고 묻자, "고조 예전엔 깡철머리들이 있디 않갔어"라고 대답하신다. 응? 깡철? 깡철이 뭐예요? 한참 생각한 뒤에야 빡빡머리 스킨헤드를 말씀하신 것을 알아채고는 또 한참을 낄낄거렸다. 어찌 됐건 결론은, 요즘 상트엔 깡철머리가 없다는 것!

이렇게 우리에게 크고 작은 정보를 주셨던 아주머니는 이곳 상트페테르부르크에서 벌써 십 년째 살아오신, 그야말로 상트의 강산이 변하는 걸 두 눈으로 확인하신 분이다. 나같이 상트를 스치듯 지나는 여행객이 보기엔 상트의 역사이자 상트의 시조급인 셈. 그치만 아주머니는 그 세월 동안 민박집과 근처 마트를 오가는 지극히 좁은 행동 반경 안에서만 일상을 보내온 탓에 상트의 많은 곳을 돌아보지는 못했다고 한다. 그녀가 러시아 말을 못하는 데도 그 이유가 있겠지만, 민박집에 고용되어 일만 하며 시간을 보내야 하는 데에도 그 이유가 있다. 십 년 동안 고향에 가지 않고 먼 이국땅까지 와서 일을 하며 살아가는 아주머니를 생각하면 참 마음이 무거워진다. 나도 노동자의 한 사람으로서 그 누구의 노동에도, 생계에도 동정할 수는 없겠지만, 우리 어머니가 그렇게 멀리 떨어져 계신다면 어떨까 생각하면 가슴 한구석이 매연으로 가득 찬 듯 답답해지는 건 어쩔 수 없다. 차마 고향에 언제 돌아가실 거냐고, 아드님은 뭐 하는 분이냐고 묻지는 못했지만 굳이 말로 해야 알 수 있을까. 그녀의 절절한 마음은 짐작이 가고도 남는다.

　　아주머니와 사진 한 장 못 찍고 돌아온 것은 앞으로도 두고 두고 후회할 일이 될 것 같다. 우리는 때론 사진을 보며 여행을 추억하기도 하지만, 사진첩에 없는 것들을 상상하며 더 많은 것을 추억하는지도 모른다.

러시아의
불체자가 되다

●

by 준스키

흔들거리던 상트의 마지막 밤이 지나고 있었다. 우리는 못내 아쉬운 마음에 바로 잠자리에 들지 못하고, 어두운 새벽에 짐 정리를 시작했다. 한편으로는 자기 전에 짐을 싸두고 자야 아침에 서두르거나 허둥대지 않을 수 있기 때문이라는 생각에서였다.

그런데 오밤중부터 나는 허둥대기 시작했다. 있어야 할 곳에 있어야 할 여권이 보이지 않았다. 다른 건 다 그대로 제자리에 있는데, 오직 여권만 없다. 몇 시간 후면 우리는 러시아를 잠시 벗어나 핀란드 헬싱키로 가는 여객선에 올라야 하는데 말이다. 그야말로 긴급, 긴급, 긴급 상황이었다.

그때가 새벽 1시. 우리 넷은 한 시간 동안 작은 방 안을 이 잡듯이 뒤졌다. "제발, 제발!" 하고 중얼거리면서. 여권은 항상 가방의 제일 깊숙한 곳에 넣고 다녔기 때문에, 어딘가에 놓고 왔거나 다른 물건을 꺼내다 떨어뜨렸을 리도 없었다. 현재로서 생각할 수 있는 유일한 가능성은 소매치기를 당한 것. 그렇담 그게 언제였을까? 모두가 무방비였던 거의 유일한 순간이라면, 아마도 지하철과 버스에서 넷이 다 곯아떨어졌을 때가 아니었을까? 하지만 일단 도난 가능성은 제쳐두고, 할 수 있는 한 모든 곳을 샅샅이 뒤져봐야 했다. 그러느라 우리는 한밤에 모두의 짐을 전부 뒤집어 엎은 후 다시 처음부터 짐을 싸야 했다. 어차피 짐을 싸야 하니 깔끔하게 정리한다고 생각하면 나쁘지 않았다. 거짓말처럼 그 작은 물건이 어딘가에서 툭 하고 떨어졌다면 더할 나위 없이 좋았겠지만.

결국 여권은 어디에서도 나타나지 않았다. 이제 다른 대안을 생각해야 했다. 본래 우리는 함께 상트페테르부르크에서 여객선을 타고 헬싱키로 건너간 뒤, 나는 북유럽으로 여행을 계속하고 수스키와 설뱀, 택형은 헬싱키에 하루만 머문 뒤 다시 상트로 돌아올 예정이었다. 그런데 정말 여권이 없어졌다면, 일단 북유럽 여행 일정을 취소하고 러시아에 좀 더 머무르는 수밖에 없겠다는 생각이 들었다. 다행히 나는 방학 중이어서 불가능한 계획은 아니었다. 오히려 이곳에 좀 더 머물면 재미있는 일도 많이 생기지 않을까 하는 은근한 기대와 설렘이 팔랑거리며 생겨나기 시작했다. 사실 이 도시를 이렇게 잠깐 둘러보고 떠난다는 건 너무 아쉬운 일이니까. 다시 아이스크림을 들고 넵스키 대로를 거니는 상상을 하다가…….

아니다! 다시 생각해보니 이건 설렐 일이 아니었다. 여권 분실에 따르는 수고를 예상해볼수록 점점 머릿속이 새하얘지기 시작했다. 여권이 없다고 험상궂은 경찰로부터 불법체류자로 몰리는 건 아닐까? 여기 저기서 뒷돈을 요구해 오지는 않을까? 말도 제대로 통하지 않으니 여권을 새로 발급받기까지의 수고도 결코 녹록치 않을 것이었다. 새 여권이 나오기까지 시간도 생각보다 오래 걸릴 수 있었다. 그렇다면 그때까지 체류 비용이 또 눈덩이처럼 불어날 것 아닌가! 생각하면 생각할수록 첩첩산중이었다. 러시아는 기차에서 여권을 검사하기 때문에 여권 없이는 도시 이동도 어려울 수 있었다.

네 사람이 한 시간 동안 뒤진 끝에 숙소 안 어디에도 여권이 없다는 게 확실해졌다. 결국 우리는 새벽 2시에 상트페테르부르크 주재 대한민국 총영사관에 긴급 전화를 걸었다. 자다 깬 직원이 전화를 받았다.

"여보세요."

"밤 늦게 죄송합니다. 저, 지금 상트에 있는 한국인인데요. 이 새벽에 여권이 없는 걸 알아차려서……. 내일, 아니 오늘 꼭 헬싱키로 출국해야 하거든요. 저 그게, 세미나 때문에……. 그런데 갑자기 여권이 없어져서……."

두서도 없고 정신도 없이 말을 늘어놓으니, 영사관 직원이 나를 진정시켰다.

"알겠습니다, 진정하시고요. 언제 출국이시죠?"

"오늘 저녁 여섯 시요."

"조금 빠듯하긴 하네요. 그래도 걱정하지 마세요. 다 방법이 있으니까 안심하세요."

영사관 직원은 친절한 말투로 나를 달래며 설명을 시작했다. 아마도 나처럼 정신이 반쯤 나간 여권 분실자들을 다루는 데 익숙한 듯했다. 나는 여행 중이라고 하면 혹여 불리한 일이 생길까 봐, 조금이라도 도움이 될까 하고 핀란드에 가야 하는 이유가 세미나 때문이라고 둘러댔다. 핀란드의 치과 학회에 간다고 말이다. 핀란드 아이들이 자기 전에 치아 관리를 위해 자일리톨을 씹는다는 건 한국 사람이라면 누구나 다 아는 이야기 아닌가. 휘바휘바! 하지만 나는 곧 괜히 거짓말을 했다는 생각에 부끄러웠다. 솔직하게 말했어도 영사관에서 도움을 주는 데는 아무런 차이가 없었을 거다. 영사관은 우리 편이었다.

"일단 경찰서에 가서 '여권 분실(도난) 증명서'를 발급받으세요. 그리고 영사관에 가능한 한 빨리 오세요. 여권사진 두 장도 꼭 가져오시고요. 사진관은 영사관 근처에도 있으니, 새로 찍어서라도 가지고 오셔야 합니다. 시간이 촉박하니 날이 밝는 대로 서두르세요."

"네, 여권 대신 '여행증명서'라는 것도 있던데, 새로 여권 만드는 게 복잡하다면 그걸 발급받아도 되나요?"

"여행증명서를 받아도 비자 없이 출국하실 수는 있지만, 그건 한국으로 바로 귀국하실 분들에게나 필요한 겁니다. 지금 또 다른 나라를 가시려면 '단수여권(한 국가를 1회에 한 해 여행할 수 있는 여권)'을 발급받으셔야 해요."

희망이 보였다. 일단 친구들과 함께 오늘 출발하는 헬싱키행 여객선에 오를 수는 있다는 말 아닌가. 혼자 러시아에 주저앉는 시나리오는 펼쳐지지 않아서 다행이었다.

대한민국 외교부 만세!

경찰서에 가야 한다는 압박감에 아침 일찌감치 눈이 뜨였다. 민박집 주인 아주머니께 사정을 설명하니, 아주머니는 얼마 전 이곳에 취재차 왔던 방송국 PD에게도 그런 일이 있었다면서, 감사하게도 나보다 더 다급하게 움직이며 도와주셨다. 사실 나는 간밤에 영사관 직원과 통화한 뒤 안도감이 들어 조금 느긋한 마음이었는데, 아주머니의 다급한 태도를 보니 지금 이 사태가 얼마나 긴급한 것인지 새삼 느껴지면서 다시금 불안해지기 시작했다.

오전 9시가 되자 간밤에 통화했던 영사관 직원이 다시 전화를 걸어왔다. 그러고는 이 지역에서 가장 친절하다고 하는 경찰서의 주소를 일러주었다. 우리는 메모를 받자마자 짐을 챙겨 들고 경찰서를 향해 달리기 시작했다. 경찰서에서 여권 분실 증명서를 받는 데에, 또 영사관에서 새 여권을 발급받는 데에 얼마나 시간이 걸릴지 모르니 최대한 빨리 가는 수밖에 없었다. 게다가 영사관 직원이 일러준 경찰서는 우리가 한번도 가보지 않은 거리에 위치해 있었다. 아침부터 뛰어다니며 낯선 길을 찾아 헤매느라 놓아버릴 것만 같은 정신줄. 그러다 택형이 마린스키극장 옆에서 철퍼덕 넘어졌다.

"형, 괜찮아?"

"괜찮아. 그런데 너, 지금 왠지 재미있어 하는 것 같다?"

"사실 좀 미안하긴 한데, 지금 이 상황이 좀 웃기기도 하고, 신기하기도 하고 그래. 어젯밤에는 진짜 여권 새로 만드는 데 오래 걸린다면, 차라리 상트에 좀 더 머무는 것도 괜찮겠다는 생각이 들었어."

"안 돼! 너 혼자 상트에 남으면 너무 부러워서 죽을지도 몰라. 널 꼭 헬싱키로 데려가고 말겠어. 빨리 뛰어!"

드디어 도착한 경찰서 앞. 우리는 헉헉거리며 문을 밀어보았지만, 문은 굳게 닫혀 있었다. 우리는 잠시 숨을 고르고 문 옆에 달린 벨을 눌렀다. '덜컥' 소리가 나며 문이 열렸다. 육중한 문을 밀고 들어가 보니, 흔히들 생각하는 한국의 경찰서와는 사뭇 다른 풍경이 펼쳐졌다. 경찰은 두꺼운 방탄유리창 너머에 앉아 있었고, 대화도 창문을 사이에 두고 마이크와 스피커를 통해 해야 했다. 나는 마이크 앞에서 입을 뗐다.

"I lost my passport."

여행 회화 책자에 꼭 등장하는 이 문장을 내가 써보게 될 줄은 정말 몰랐다. 그러나 유리창 너머에 앉아 있는 경찰은 영어를 잘하지 못했고 창문으로는 칠칠맞은 외국인의 다급한 숨소리를 전달할 수도 없었다. 그는 우리를 안으로 들어오라고 하며, 영어가 가능한 경찰과 전화 연결을 시켜주었다. 안으로 들어가자 진짜 수감자들이 갇혀 있는 유치장이 나왔다. 몇 겹의 방탄유리 안쪽에서 수감자들이 뜻 모를 눈빛으로 우리를 빤히 바라보고 있었다. 순간 섬뜩했다. 여권이 없다고 날 저 안에 넣어버리기라도 한다면? 우리나라에서도 구경해보지 못했던 유치장인데. 행여 저 문이 열리기라도 한다면, 스킨헤드의 망령을 가진 것만 같은 저들이 동양에서 온 칠칠맞은 여권분실자를 무조건 때리고 보는 건, 해가 지고 바람이 부는 일처럼 소소한 일일 것만 같았다.

전화로 연결된 경찰은 우리에게 이 사정을 잘 아는, 러시아어를 할 줄 아는 사람이 없느냐고 물었다. 순간 리나가 떠올랐다. 나는 얼른 전화를 걸었고, 사안의 긴급함을 눈치챈 그녀는 당장 달려와 주겠노라고 했다. 사실 우리는 헬싱키로 떠나기 전에 넵스키 대로에서 그녀에게 감사 인사로 식사를 대접하려고 했는데, 근사한 레스토랑이 아닌 경찰서에서 만나게 된 것이다.

리나 천사는 그로부터 한 시간도 안 되어 경찰서에 강림했다. 그녀는 자기도 이전에 여권이 든 가방을 도난당한 적이 있다고 하며 나를 위로했다.

여권 분실로 절망에 빠진 우리를 구제해준 고마운 대한민국 총영사관.

"저도 어떤 기분인지 알아요. 한국에서도 한 번 안 가본 경찰서에 가야 한다는 게 지금 생각해도 제일 무서운 일이었어요."

리나 천사는 나를 대신하여 여권 분실 신고서를 작성해주었다. 우리는 경찰성에서 받은 조그만 분실증명서를 고이 접어 넣고, 넵스키 대로 근처에 있는 대한민국 총영사관으로 이동했다. 총영사관에서는 새벽부터 안절부절못했던 여권분실자를 다독여주느라 잠도 잘 못 잤을 직원이 우리를 친절히 맞아주었다.

"여권 분실 증명서는 아주 중요한 문서니까 꼭 챙기셔야 해요. 복사해드린 한·러 협정 문서도 잘 챙겨두시고요. 거기에 '비자 없이도 영사관의 증명만 있으면 출국이 가능하다'는 조항에 표시를 해두었으니까, 출국하실 때 문제가 생기면 러시아 직원들에게 그 부분을 보여주세요.

자기 나라 규정을 잘 모르는 직원들이 생각보다 많거든요."

할렐루야! 죽어가던 나를 살려준, 생명의 은인과도 같은 협정이 아닐 수 없다. 2014년부터는 단기 여행 시 러시아 비자를 받지 않아도 된다고 하니 이런 일도 없겠지만, 우리가 여행 중이던 2013년에는 그야말로 나를 구원해준 한 줄이었다. 우리는 꾸벅꾸벅 연신 감사의 인사를 하고 영사관을 나섰다. 영사관 건물에 달린 태극기가 어찌나 위풍당당해 보이던지. 대한민국 외교부 만세!

단수여권을 받은 기쁨도 잠시, 슬슬 현실이 와닿기 시작했다. 친구들은 이 세계문화유산 도시에서 꼬박 반나절이 넘는 시간을 속절없이 기다리고만 있었던 것이다. 지금 이 순간 역시 그들에게는 일분일초가 아쉬운, 금쪽같은 휴가 기간이 아닌가. 친구들에게 너무나도 미안하고, 또 사무치게 고마웠다. 배 시간이 되어 당장 여객선 선착장으로 달려가야 했다. 그러자니 리나 천사에게 제대로 된 감사 인사를 전할 시간도 부족했다.

"정말 진상 오빠들 때문에 고생하셨어요!"

"아녜요. 그동안 이곳의 아름다움에 많이 무뎌졌었는데, 새삼 내가 이렇게 아름다운 도시에 살고 있었구나 하는 생각이 들어서 좋았어요."

"여기 놀러 왔던 친구들하고 경찰서 가보신 적은 없으시죠?"

"네. 문제 생기면 연락달라고 했었는데, 진짜로 문제가 생겨서 연락 온 건 처음이었어요. 많이 당황하셨죠? 그래도 잘 해결되어서 정말 다행이에요. 조심히 다녀오세요!"

"서울에 돌아오면 그때는 정말 우리가 제대로 대접할게요. 연락 차단만 하지 말아줘요."

만약 우리 여행이 TV에 나왔다면, 이때 배경음아은 장미여관의 '오빠들은 못생겨서 싫어요'였을 거다.

반나절 사이에 다른 이야기로 시간을 채울 수도 있었을 거란 생각으로 무안함에 몸이 찌릿찌릿하면서도 무사히 여객선을 탈 수 있다는 흥분에 겨워, 소나기가 내렸는지 촉촉한 거리를 열심히 걸었다. 조금 타서 안 그래도 불법체류자처럼 생긴 나 때문에 출국 심사가 오래 걸릴까 봐 서둘러야 했다. 조급한 마음에 이 아름다운 도시의 여운을 즐길 새도 없이 이 나라를 빨리 떠나고 싶었다. 내 여권을 위조해 불법 출국할 누군가가 이런 기분일까.

상트페테르부르크 안녕. 아쉬울 새도 없이 헤어진, 머물고 싶지만 떠날 수 있어 다행이었던, 너무나 아름다운 도시. 이래저래 잊기 더 힘들어져버렸다.

4

헬싱키의
추억

시간은 때론 새처럼 날아가고 때론 벌레처럼 기어간다.
그러나 시간이 빨리 흘러가는지 더디게 흘러가는지 깨닫지 못할 때
사람은 특히 행복한 법이다.

— 트루게네프, 《아버지와 아들》

여행의 호사,
발트 해 크루즈

●

by 수스키

밤중부터 시작된 여권 분실 사건도 일단락된 듯하다. 준스키는 여권과 함께 부활했으며 택형의 까진 손바닥에는 피딱지가 자리를 잡았다. 그리고 긴장했던 만큼 절대 못 잊을 추억을 선물로 보상받았다. 이제 '박물관 킬러' 설뱀을 기다릴 차례다. 우리가 경찰서와 영사관에서 귀중한 시간을 축내고 있을 동안 그에게 박물관 구경을 허락했기 때문이다. 혼자서는 어딜 내보내기 불안했던 설뱀이지만, 이제는 설뱀도 혼자 잘 돌아다닐 만큼 상트페테르부르크의 거리에 익숙해졌다. 이렇게 이 도시가 친숙해질 즈음, 우리는 다시 상트를 떠날 준비를 하고 있다.

"얘들아!"

때마침 설뱀이 왔다. 어디서 그렇게 비를 맞고 다녔는지 머리는 축축하고, 안경알에는 뽀얗게 김이 서렸다. F4, 드디어 다시 합체다!

"설뱀, 박물관은 어땠어?"

"이야, 러시아 군사·의학 박물관은 장난 아니더라. 일단 딱 들어가니까 말야!"

설뱀의 수다스런 박물관 리뷰가 시작되었다. 도대체 왜 러시아에서 도스토옙스키 박물관이나 톨스토이 생가가 아니라 군사·의학 박물관에 가는 걸까? 도무지 이해할 수 없다가도 어느새 그의 말에 빠져들게 된다. 설뱀의 수다에는 그런 게 있다. 딱히 영양가가 높은 것 같지는 않은데, 묘하게 끌리는 MSG 같은 마력. 추임새까지 넣어가며 듣다 보니, 우리는 어느샌가 여객선을 타러 가고 있었다.

상트페테르부르크는 핀란드 국경과 인접해 있어서 쉽게 오고 갈 수 있다. 고속열차로 4시간 정도. 그러나 시간은 더 걸리더라도 야간 크루즈를 타는 것이 가난한 여행자들에게 더 솔깃한 코스다. 잠자리와 교통비가 동시에 해결되기 때문이다. 다만 국경을 넘는 배이기 때문에 출국 심사를 받아야 한다.

"준스키, 무사히 탈 수 있을까?"

여권을 새로 발급받아 비자가 없는 준스키가 걱정되었다. 만약 준스키가 출국 심사에서 걸린다면, 우리는 그를 떼놓고 가야 하나? 아니면 우리도 핀란드행을 포기해야 하나? 예약금은 환불 안 될 텐데. 한 줌도 안 되는 우정을 스스로 부끄러워하며 현실적인 고민을 하고 있을 찰나. 준스키가 이쪽을 보고 미소를 짓는다.

"통과다 통과!"

준스키가 여권을 흔들며 우리에게 뛰어온다. 자기 몸만 한 배낭을 메고 뒤뚱뒤뚱 펭귄처럼. 그는 꼭 배낭이어야 한다고 했다. 그게 여행자

우리를 헬싱키로 태우고 간 '프린세스 마리아 호'.

의 실루엣이라며 우리의 바퀴 달린 캐리어를 업신여겼다. 그렇게 여행
자 실루엣을 폴폴 풍기며, 여권을 잃어버린 여행 타짜는 우리에게 달려
왔다.

  "와, 나 정말 못 탈 뻔했어. 여기 직원들이 규정을 잘 모르더라고. 자
기 상사까지 불러오고 확인하고 그러느라 늦었다. 미안."

  하마터면 불길한 상상이 현실이 될 뻔했다. 배는 우리를 마지막으로
문을 닫더니, 곧바로 도크를 분리해 출항을 시작했다. '부우–!' 육중한
경적이 울리더니, 육지가 점점 멀어져갔다. 저녁 9시였지만 백야의 러
시아 만 항구는 아직도 낮처럼 환했다. 건너편의 낚시꾼들이 우리가 탄

길이 170미터에 폭 30미터의 크기를 자랑하는 '프린세스 마리아 호'는 거대한 크기에 걸맞게 레스토랑, 면세점, 카지노 등 없는 게 없다.

배를 향해 손을 흔들었다. 우리도 그들을 향해 손을 흔들었다. 아는 사람은 하나 없었지만, 항구에서는 응당 그래야 하는 것처럼 열심히 손을 흔들었다.

우리가 탄 배는 '프린세스 마리아 호'라는 귀여운 이름과는 어울리지 않게, 길이 170미터에 폭 30미터나 되는 거대한 선박이었다. 정말이지 축구장을 하나 만들어도 될 만큼 컸다. 우리는 보물선이라도 발견한 양, 신이 나서 배 이곳저곳을 돌아다니며 구경을 시작했다.

"와, 여기 좀 봐! 저쪽에도 레스토랑이 있었는데, 여기에 또 있네?"

"여긴 카지노다! 왕창 땡겨서 집에 갈 땐 요트 타고 가자. 크크."

"저기 면세점도 있다. 술은 면세점에서 사자!"

"아, 우리도 여기서 로즈를 만나야 하는데……."

설뱀이 보고 또 보고, 또 봤다는 〈타이타
닉〉 이야기를 꺼냈다.

"무슨 소리야, 형. 로즈를 만나려면 우선
형이 디카프리오가 돼야지. 정신 차려!"

"그런가?"

그렇게 낄낄거리고 있는데, 중국인 할머
니 한 분이 할아버지와 함께 사진을 찍어달
라며 카메라를 내민다. 우리 팔자에 로즈라
니. 역시 영화는 영화일 뿐이라며 우리는 할
머니와 할아버지에게 사진을 찍어드렸다.

"갑판 앞쪽으로 가자! 이쪽으로, 이쪽!"

불행한 우리들을 각성이라도 시키는 듯 설해병이 목소리를 높였다.

해군으로 입대해 해병대에서 복무한 설뱀은 갑판에 오르자 홈그라
운드에 돌아온 연어처럼 팔딱거렸다. 세찬 바닷바람이 속도를 높이고
있는 배와 맞부딪혀 머리를 온통 산발로 만들었지만, 설뱀은 오직 전진
만을 외쳤다.

"앞쪽으로 와! 앞쪽으로!"

"설뱀, 바람이 너무 세서 날아갈 것 같아."

몸이 가누기 힘들 정도로 휘청거렸다. 모든 걸 날려버릴 듯 불어대
는 강풍을 뚫고, 설뱀은 라이언 일병이라도 구하러 가는 밀러 대위처럼
전진, 또 전진했다. 무리하게 밀어붙이다 끝내는 사고가 나고 마는 재난
영화의 시작 장면 같다.

갑판에서 바라본 발트 해. 사방이 무한한 공간으로 펼쳐지고, 시간도 백야 때문에 비현실적으로 흐르는 곳.

    설뱀은 기어코 뱃머리까지 가더니 우리에게 크게 손짓을 한다. 할 수 없이 우리는 난간을 붙잡고 천천히 앞으로 이동. 그런데 어라! 막상 뱃머리에 이르자 신기한 일이 벌어진다. 그 거세던 바람이 뚝 끊겼다. 바람은 배의 앞머리와 부딪히며 양옆으로 갈라졌고, 그래서 배의 가장 앞쪽 갑판에 서는 놀랍게도 바람이 거의 느껴지지 않는 무풍지대가 형성된 것이다.

"우아!"

감탄이 절로 터진다. 눈앞의 모든 사람들의 옷깃과 머리칼이 바람을 맞아 정신없이 휘날리고 있는데, 나만이 바람 한 점 없는 고요한 곳에 서 있는 기분이란! 그렇게 한참을 바다와 바람이 만들어내는 풍경을 감상하고 있는데, 문득 화장실에 가고 싶어졌다.

"설뱀! 근데 우리 어떻게 돌아가?"

바람 소리가 커서 빽 소리를 지른다. 다시 왔던 길을 가다가 발을 헛디디면, 발트 해의 점으로 사라져 버릴 텐데.

"몸을 좀 낮추고 따라와. 이렇게!"

설뱀도 꽥 소리를 지른다. 그러고는 고양이처럼 날렵하게 뱃머리를 떠난다. 설뱀이 지나가고 난 자리엔 쉬익쉬익 바람 소리만 남았다. 망망대해. 시간은 이미 한밤중이지만, 백야 때문에 이제야 노을이 지기 시작한다. 사방이 무한한 공간으로 펼쳐지고, 시간도 비현실적으로 흐르는 이곳은 세상의 모든 공간과 시간으로부터 분리된 곳 아닐까. 그렇게 세상으로부터 멀찌감치 떨어진 이곳에서는 시간을 망루 위에 걸어놓고, 쓰고 싶은 만큼 조금씩 쓸 수 있다는 전설이 있다고 해도 덥석 믿어줄 수 있을 것 같았다.

"그러기엔 망루가 너무 높다. 수스키, 얼른 가자."

"응. 같이 가!"

카모메 식당에서
북유럽 맛보기

●

by 준스키

쌀쌀한 아침, 여객선이 헬싱키 항구에 도착했다. 도착하자마자 8유로짜리 트램 1일권을 끊었다. 1회권이 2.2유로이니 1일권을 사는 편이 훨씬 경제적인 듯했다. 트램은 정류장 간 거리도 길지 않은 데다 작은 도시를 촘촘히 연결하고 있어 헬싱키에서 어디든 갈 수 있는 교통수단이다.

헬싱키에서 가장 먼저 가보고 싶던 곳은 '카모메 식당'이었다. 일본 영화 〈카모메 식당〉의 주 무대로 등장하며 유명해진 곳이다. 〈카모메 식당〉은 눈을 감고서 세계지도를 가리켜 찍은 곳이 핀란드여서 이곳까지 왔다는 여자, 어느 날 대뜸 찾아와 〈독수리 오형제〉의 주제가를 묻는 핀란드인 남자 등 사연이 있는 사람들이 모여 만드는 잔잔한 이야기다. 내게는 이 영화가 참 좋은 느낌이어서, 언젠가 한 번은 꼭 이 식당을 찾아가 보고 싶었다.

카모메 식당은 이름 없는 작은 골목에 위치해 있는 데다가, 간판에

'카하빌라 수오미Kahavila Suomi('카페 핀란드'라는 뜻)'라는 핀란드 이름만이 쓰여 있어서 한국어 관광 안내서가 없었더라면 찾지 못할 뻔했다. 조금 이른 시각에 찾아간 덕분에, 햇살이 스며드는 식당에서 우리가 첫 손님 이었다. 영화 〈카모메 식당〉에 나오는 것과 같은 주먹밥은 메뉴에 없었 지만, 주방 입구에 붙은 영화 포스터와 티셔츠, 뱃지 같은 소박한 기념 품들이 우리처럼 영화를 보고 찾아온 이들을 반겨주었다. 메뉴를 고르 고 있는데, 뒤이어 들어온 한 한국 여학생이 말을 걸어왔다.

"여행 중이세요?"

우리는 아름다운 도시 모스크바와 상트페테르부르크를 거쳐 아주 멋지고 커다란 여객선을 타고 막 이곳에 도착했노라며 의기양양하게 말했다. 그랬더니 그녀는 자신은 북유럽에서 이미 6개월을 보내고 핀란 드에는 잠시 여행하러 왔다고 했다. 이거 왠지 누가누가 더 부러운 여 행을 하고 있는가를 자랑하는 분위기? 당일치기 일정에 쫓기며 바쁘게 돌아다녀야 했던 우리는 이곳 헬싱키에서 며칠간 유유자적할 예정이라 는 그녀의 말에 그만 패배를 선언했다.

"덴마크에서 워킹홀리데이 하면서 조금 오래 지냈어요. 돈이 제법 모여서 여행 좀 하다가 한국에 돌아가려고요."

아니, 덴마크에도 워킹홀리데이가 있었나? 우리가 의아해하자 그녀 는 덴마크에는 워킹홀리데이 협정이 생긴 지 얼마 안 되었다며 설명해 주었다. 여학생은 영어도 잘했고, 스스럼없이 누군가에게 말을 걸고 즐 거움을 나눌 줄도 알았다. 그런 건 둘째 치고, 멋있다. 정말 멋있다. 우 리 모두 나름대로 열심히 20대를 보냈지만, 해보지 못했던 경험과 당당

영화 〈카모메 식당〉에 등장해 더욱 유명해진 식당 '카하빌라 수오미'

한 열정 앞에서 할 수 있는 말이란 그저 감탄뿐이었다.

우리는 연어와 으깬 감자, 샐러드 등으로 구성된 간단한 식사를 주문했다. 먹다 보니 점심시간이 가까워지면서 테이블이 가득 찰 정도로 사람들이 몰렸다. 주로 일본인 등 관광객들이 찾는 식당일 거라고 생각했었는데, 예상과 달리 동네 사람들도 즐겨 찾는 곳인 듯했다. 페인트가 잔뜩 묻은 작업복을 입은 인부들이 오늘의 요리와 샐러드, 빵과 커피를 즐기던 모습이 인상적이었다.

"이것 봐. 휴지를 다 쓰니까 휴지 심이 반으로 쪼개지면서 떨어져. 정말 실생활에 유용한 아이디어다. 북유럽답네!"

화장실에 갔던 설뱀이 반으로 쪼개진 두루마리 휴지 심을 들고 와서 감탄했다. 우리는 공항에서부터 느꼈던 깔끔하고 차분한 도시의 이미지, 핀란드의 세련된 디자인, 방금 떠나온 러시아에서의 추억담을 나누느라 줄 서서 기다리던 사람들도 보지 못한 채 한참을 앉아 있었다. 이런 어글리 코리안.

우리는 미안한 마음에 후다닥 식당 문을 나섰다. 골목길을 조금 걸어나가니 갑자기 비가 내리기 시작했다. 듣던 대로 이곳의 날씨는 종잡을 수가 없었다. 아까는 그렇게 쾌청하더니, 우리가 무슨 잘못이라도 한 듯이 회초리 같은 소나기가 쏟아졌다. 우리는 얼른 비를 피해 길모퉁이의 작은 가게 차양 밑으로 들어갔다. 그리고 비가 그치기를 기다리며 지도를 펼쳐 들고 설뱀이 보고 싶어 하는 군함 비엔날레가 열리는 곳을 찾기 시작했다. 그때, 오갈 데 없는 우리에게 다가오는 길 가던 근육질 남자. 팔뚝에는 처음 보는 디자인의 문신이 새겨져 있다. 북유럽 디자인인가. 잠시 우리 넷 모두 일동 차려 자세였지만, 이 헬싱키 도시 남자는 도움이 필요하냐며 말을 걸었고, 친절하게 길을 가르쳐주고는 훌쩍 떠났다. 그새 비가 그쳤다. 북유럽다운 날씨에 북유럽다운 친절함.

"잠깐, 우리 아까 카모메 식당에서 계산했어?"

택형이 모두를 놀라게 했다. 아, 계산을 안 했구나. 우리가 너무 황급히 나온 데다가, 워낙 손님이 많아 식당 주인도 눈치채지 못했나 보다. 쏟아지는 비를 맞으며 다시 식당으로 돌아가 계산을 깜빡 잊었다고 했더니, 주인으로 보이는 주방장이 친히 카운터까지 나와서 도리어 우리에게 감사 인사를 한다. 그렇게 다행히 '슈퍼' 어글리 코리안이 되지는 않았다. 나쁜 마음조차 먹지 못할 것 같은 이런 신용 사회. 한 번 걸렸다가는 크게 당할 것만 같은 느낌이다.

표 검사도 잘 하지 않는 트램을 타고, 설뱀이 쉬지 않고 가자고 외치던 군함 비엔날레에도 들른 우리의 종착지는 역시 먹거리 탐방. '카우파토리Kauppatori', 우리말로 '광장 시장'은 항구 옆에서 매일 열리는 노천 시장이다. 장신구, 그림, 악기, 수공예품뿐만 아니라 핀란드의 각종 먹거리들이 가득했는데, 도저히 그냥 지나갈 수 없었다. 우리의 선택은 이번에도 어김없이 연어구이. 연어 중독자처럼 헬싱키의 하루 삼시세끼를 연어로 해치우고 연어 맛으로 헬싱키에 흠뻑 빠진 우리. 러시아를 떠난 지 얼마 되지도 않았는데 시베리아 자작나무는 잊은 지 오래, 핀란드산 자작나무로 만든 껌을 찾아 발걸음을 옮겼다.

디자인 도시, 헬싱키

by 수스키

사실, 내게 핀란드는 조금 뜬금없는 곳이었다.

"사람들이 자이리톨 막 엄청 씹으면서 다니는 거 아냐?"

시시껄렁한 대화나 하다가, 앵그리버드를 탄생시킨 로비오의 나라라는 정도를 귀동냥으로 들은 게 그나마 다행이었다. 그런데 그런 시큰둥한 마음을 철회하는 데에는 오랜 시간이 필요하지 않았다. 쾌청한 날씨 아래 내 눈을 끊임없이 잡아끄는 것들이 한몫했기 때문이다. 예쁘고 아기자기한 소품숍부터, 길가에 서 있는 벤치까지. 예사롭지 않은 디자인이었다. 감탄사가 절로 튀어나와, 자존심이 조금 상한다. 조금 전까지 상트페테르부르크가 최고의 도시라고 했는데, 가벼운 남자가 된 것 같아 알 수 없는 죄의식이 느껴져서일까?

"어! 저기 좀 봐."

중앙역까지 가기 전, 버스 정류장이 눈에 들어온다. 미끄러질 듯한

버스 정류장 하나에도 아름다움을 놓치지 않는
디자인의 도시, 헬싱키.

메탈 소재에 발랄한 디자인, 그리고 과감한 색감까지. 이곳에선 정말 허
투루 만들어진 것 하나도 없는 것 같다. 디자인에 있어서 매우 까다로
운 심미안을 가진 스티브 잡스가 골목골목마다 살고 있는 건 아닐까?
우리는 전시회장에라도 들어온 듯 여기저기를 감탄의 눈으로 둘러보며
오래도록 걸었다.

하지만 언제까지나 촌스럽게 감탄만 하고 있을 수는 없지. 여행의 감동을 영원히 간직하고 싶다. 그래서 우리는 영원히 간직할 수 있는 물건을 사기로 한다.

"이게 좀 더 줄무늬가 화려한데?"

"아냐. 너무 화려하면 금방 질린다고. 민무늬에 이렇게 굴곡만 살짝 들어간 게 더 예쁘지."

초췌한 30대 남자들은 서로 예쁜 컵을 고르겠다고 저마다의 미적 철학을 토로한다. 매일 걸치고 다니는 옷도 귀찮아서 잘 안 사는 이들도, 예쁜 컵을 고르게 만드는 나라. 핀란드의 진짜 저력은 '로비오'도 아니고, '노키아'는 더더욱 아니고, 바로 이 디자인이 아닐까. 과연 쓰기나 할까 의심이 드는 컵 하나에 3만 원이 넘는 돈을 지불하고서도, 우리는 어깨를 으쓱으쓱 리듬을 타며 디자인 거리를 걷는다.

"야, 우리 나중에 혹시라도 여자친구는 핀란드에 데려오지 말자. 서까래 뽑아서 쇼핑하겠다."

히죽히죽 웃으며 농담을 던지고 있는데, 갑자기 설뱀이 맞은편에서 걸어오는 소녀들을 향해 말을 건넨다.

"안녕! 너희 혹시 여기 스타벅스가 어딨는지 아니?"

모스크바에서부터 '모스크바 스타벅스'의 텀블러를 사겠다고 노래를 불렀으나 결국 구하지 못한 설뱀. 그가 이번에는 '헬싱키 스타벅스'의 텀블러라도 갖고 싶은 모양이었다. 동양철학을 공부한 설뱀은 형이상학적인 것의 소중함과 정신적인 풍요로움에 대해서 늘 이야기하면서, 쇼핑을 참 좋아한다. 쇼퍼홀릭 동양철학자에게 소녀들이 대답한다.

"스타벅스? 헬싱키에는 스타벅스가 없어."

"왜? 글로벌 시대인데!"

"그러게!"

소녀들은 꺄르르 웃고는 가던 길을 갔다. 전 세계에 그렇게 많은 스타벅스가 헬싱키에는 없다는 게 의외다. 그렇게 스타벅스도 쉽게 문을 두드리지 못하는 독보적인 아름다움의 거리. 문득 이렇게 예쁜 곳에서 나고 자라는 건 어떤 기분일까 궁금해졌다.

"수스키는 컬러감이 좋아. 색깔을 과감하게 잘 쓴단 말야."

지금은 출근 준비하며 의상 깔맞춤 하는 것도 어려워하는 내가 한때는 미술 선생님으로부터 그런 칭찬을 들은 적도 있었다. 그런데 그 컬러감이라는 것도, 눈만 뜨면 이렇게 예쁜 것들로 가득한 도시에서 나고 자란 아이들과 상대가 될 수 있을까? 그런 생각을 하며 길 옆 상점의 쇼윈도우를 보니 뒷머리가 스폰지밥처럼 눌려 있다.

"상대적 박탈감인가? 도시가 너무 깨끗해서 내가 더 더러워 보여."

"아니, 상대적이 아니고 그냥 절대적으로 꾀죄죄해."

거침없는 독설을 하는 준스키에게 닥치라는 듯 갑자기 또 비가 내린다. 고소한 비다. 오락가락하는 날씨는 안 그래도 변덕스러운 우리들을 더 변덕스럽게 만들었다.

"비도 오는데, 그냥 들어갈까?"

"아, 여기 사람이 너무 없다. 소나기 때문인지, 원래 인구가 적어서 그런지 사람 구경하기가 힘드네."

"그러게. 지루한데?"

나도 모르게 튀어나온 말. 그런데 아마 이 말을 여행의 신이 들은 것 아닌가 싶다. '이 자식들 맛 좀 봐라.' 하는 식으로 우리는 정신없이 또 한 번 계획치 않은 일에 휘말려 들어갔으니 말이다.

재미는 찾는 게 아니라
만드는 것

●

by 수스키

"헤이, 얘들아! 여기로 와. 여기로 들어와."

저기 한 사내가 손을 흔든다. 넓디넓은 광장 한복판, 영유아용 고무 튜브 풀장에 몸은 담근 채 말이다. 안 그래도 쌀쌀한 날씨에 덜덜 떨면서 광장에서 반신욕을 하고 있는 이 남자의 정체는 뭘까? 할리우드 성장 영화에 꼭 등장하는 악동 캐릭터 같다.

"이 안은 따뜻해. 들어와 봐, 어서."

유아용 풀장 안에는 어느새 또 다른 여자애도 들어가 있다. 한 손에는 위스키 병을 든 채 말이다. 아 이거 정말 엮이고 싶지 않다, 라고 말하려는 찰나. 마침 그때, 설뱀이 신발을 벗는다. 그러고는 미처 말릴 틈도 없이 번쩍 뛰어올라 풀장 안으로 풍덩. 매트릭스의 트리니티도 아니고, 강기갑 의원처럼 번쩍 뛰어올라 풀장 안으로 착지해버린다. 첨벙. 너무 순식간에 일어난 일에 정신이 없는데, 기회를 놓치지 않고, 멀쩡하

순식간에 괴성과 물벼락이 오고 가는 아수라장으로 변한 광장. 설뱀마저 풍덩 뛰어들었다.

게 길을 가던 흑형까지 끌어들인다. 광장은 순식간에 괴성과 물벼락이 오고 가는 아수라장으로 변한다. 도망가지 않았으면 광장 분수대에서 퍼 온 근본 없는 물에 꽂히는 에피소드를 쓰고 있었을지 모르겠다.

"여기서 지금 뭐 하는 거야?"

"재밌잖아?"

내 얼굴에 비누 거품을 찍어주며 미코가 말했다. 그리는 동안 설뱀은 풀장 안에서 어린애처럼 좋아하며 인증샷을 찍는다. 핀란드에서는 원래 이러고 노나? 주변에 있던 또 다른 친구로 보이는 아이도 연방 카메라 플래시를 터뜨려댔다. 소리를 지르며 사진을 수십 장씩 찍는 걸로 봐서는 그들에게도 이게 흔한 일은 아닌 것 같다.

"아, 추워. 도저히 안 되겠다. 난 그만 갈게."

설뱀과 히히덕거리며 신나게 사진을 찍던 여자애가 집에 가겠다고

일어섰다. 아니, 뭐야. 그럼 이들도 서로 모르는 사이었단 말야? 미코가
벌인 미친 짓에 모두 기꺼이 자기 한 몸을 던진 사람들이었다. 우리는
그렇게 한참을 깔깔거리느라 턱이 다 아플 지경이었다.

재미는 찾는 게 아니라 스스로 만드는 것이란 걸 몸소 보여준 미코.
그의 직업은 놀랍게도 초등학교 교사였다. 참으로 안 어울리는 조합이
라고 생각했지만, 다른 한편으로는 아이들에게 최고의 친구가 되어줄
수 있는 멋진 선생님이라는 생각이 들었다. 먼 훗날 미코에게 배운 아
이들이 어른이 됐을 때쯤, 그들은 어떤 삶을 살고 있을까. 미코처럼 엉
뚱 발랄한 어른들이 넘쳐나는 핀란드는 상상만으로도 미소가 번진다.

미코와의 인터뷰

Q: 자기 소개 좀 해줘.

A: 나는 미코. 때때로 조금 미쳤지만 재미있고, 여행을 좋아하고 사람들의
미소를 만드는 일을 사랑하는 활기 넘치는 사람. 나는 헬싱키의 초등학교 선
생님이야. 천직이지!

Q: 왜 광장에서 작은 수영장을 열었어?

A: 나는 기가 막힌 아이디어에 항상 열려 있어. 사람들을 혼란스럽게 하면서
도 웃게 만드는 일 말이야.

Q: 이런 일을 자주 해? 그동안 해왔던 일 중에 가장 놀라웠던 경험은 뭐야?

A: 응. 나는 언제고 기회 있을 때마다 항상 이런 일을 벌여왔어. 적어도 한 달에 한 번은 재밌는 일을 꾸미려고 하지. 아주 멋진 경험들 중 하나는 캄보디아 앙코르와트 가장 높은 곳에서 쿵푸했던 게! 페이스북 프로필 사진은 북극곰 분장을 하고 우리나라 국무총리와 찍은 거야.

Q: 그럼, 다음 미션이 있어?

A: 다음 미션은 아주 추운 겨울날에 비즈니스 정장에 넥타이만 메고 몇 가지 운동을 하는 동영상을 찍는 거야. 페이스북에 올릴 테니 기대해.

Q: 좌우명이 뭐야?

A: 인생을 최대한 사는 것Live life to the fullest! 어떤 일에도 후회하지 않는 것. 긍정적인 자세를 항상 잃지 않는 것. 우리를 앞으로 나아가게 하고, 무언가를 가르쳐주는 건 항상 성공이 아니라 실수와 실패라는 걸 마음에 새기는 것.

Q: 헬싱키에서 추천하고 싶은 곳이 있어?

A: 헬싱키에서 가장 멋진 곳은 아마 해변일 거야. 밤에 한번 가봐. 기막힌 도시 불빛들도 볼 수 있어.

Q: 서울에 한번 놀러와!

A: 좋지! 조만간 여자친구랑 아시아 여행을 떠날 계획이야! 다시 만나자구.

암석교회에
앉아서

●

by 준스키

여행도 어느새 막바지에 이르렀다. 핀란드로 넘어온 이후로 이곳의 살
인적인 물가 때문에 군것질도 참아가며 허리띠를 졸라맸던 우리. 헤어
지는 날 아침에도 마지막 만찬을 함께하기 위해 헬싱키 기차역에서 가
장 저렴해 보이는 식당으로 들어갔다. 이곳 역시 작은 빵 하나에 2유로
라는 가격표가 붙어 있었다. 한국에서라면 비싸다고 생각했겠지만, 여
기서는 그나마도 감지덕지.

"이 나라 근로자들은 일하기 참 좋은데 소비자들은 좀 불편할 것 같
아. 우리나라랑은 반대야."

여행 떠나오던 날도 새벽까지 일하고 왔던 수스키의 자조가 절절했
다. 어젯밤은 불금이었는데도 헬싱키 거리에는 방황하는 청춘들도 많
이 찾아보기 힘들었고, 아침부터 사람이 북적였던 카모메 식당도 주말
에는 영업을 하지 않는다는 걸 보면, 이 핀란드의 수도는 주말에는 더

조용할지도 모른다. 적어도 도심에서는 야근의 흔적은 찾아보기 힘들었다.

다시 일상으로 복귀할 준비를 하는 택형과 수스키의 표정은 굳어 있었다. 하지만 직장에서 부르기 전에 기차 시간이 먼저 불렀다. 우리는 늘 그랬듯, 기차 출발 시각에 쫓기며 허겁지겁 기차역으로 달렸다. 택형과 수스키, 설뱀은 무사히 상트페테르부르크행 기차에 올랐고, 나는 플랫폼에 서서 손을 흔들었다. 누가 이민을 가는 것도 아닌데, 영영 볼 수 없는 것도 아닌데, 헤어짐은 언제나 힘들다. 특히나 낯선 나라의 기차역 플랫폼에서는 더더욱.

드디어 기차가 출발하고 뒤돌아서는데 갑자기 먹먹함이 밀려왔다. 이제부터는 맛있는 것이 있어도 혼자 먹어야 하고, 굉장한 것을 보아도 혼자 감탄해야 하고, 열차 출발 시간에 쫓겨도 혼자 달려가야 한다. 친구들과 함께 한 번만 더 넵스키 대로를 걸어보고 싶은 아쉬움을 달래며 다시 역사 밖으로 걸음을 옮겼다. 혼자 맞이하는 헬싱키에서의 첫날, 눈길을 서걱이듯 조심스러워진 발걸음.

작은 도시들은 지도를 크게 표시하는 경향이 있다. 그 탓에 친구들과 함께 있을 때는 시내에서 너무 먼 것 같던 명소들이 알고 보니 대부분 시내 중심에서 5분 거리에 위치해 있었다. 하늘엔 구름이 끼어 있었지만 비는 내리지 않았다. 바다 냄새를 머금은 바람이 살랑거리며 부딪혀 왔다. 조용하고 깔끔한 거리에서는 거닐기만 하는데도 마치 삶이 고급스러워지는 느낌이 있다.

가장 먼저 찾은 곳은 '암석교회'라고 더 많이 알려진 템펠리아우키

오 교회Temppeliaukio Church였다. 커다란 돌덩이를 다이너마이트로 뻥 뚫어
서 공간을 만들어 세운 곳으로, 유리 천장에서 내리비치는 자연 채광과
돌덩이들이 주는 신비로운 분위기가 묘한 분위기를 자아낸다. 들어서
는 순간부터 나는 그 분위기에 압도당하고 말았다. 여느 관광지처럼 사
진 찍는 사람도, 웅성웅성하는 단체 관람객도 많았지만, 공간이 주는 힘
은 그러한 번잡스러움조차 성스러운 느낌으로 만들어주었다.

20분 간격으로 어딘가에서 "사일런트 플리즈, 쉬잇!" 하는 나지막한 목소리가 들려왔다. 그러면 영어를 잘 못 알아듣는 것 같은 중국인 단체 관광객을 제외하고는 모두 조용해졌다. 그럴 때면 유령도 지나가다가 멈춰 서서 조용하고 경건하게 앉아 있을 것만 같다. 두 시간 넘게 교회 한가운데 앉아 책을 읽다가, 생각에 잠겼다. 어디선가 흘러나오는 장중한 음악 소리와 암석들이 사방을 둘러싼 기묘한 곳에서.

우리는 타자에게 실제 장소들에 대해서가 아니라 자기에 대해서 얘기할 때 그 장소들을 가장 잘 알 수 있을 뿐만 아니라 가장 잘 알릴 수도 있다. 훌륭한 여행자는 지리적 장소들을 관통해버린다. 그는 그 장소들 하나하나가 우리 자신의 일부분을 담고 있으며 타자들을 향해 나아가는 길을 열어줄 수 있음을 안다. 거기서 멈춰버리지 않는 지혜만 있다면 말이다.

— 피에르 바야르, 《여행하지 않은 곳에 대해 말하는 법》

피에르 바야르가 쓴 《여행하지 않은 곳에 대해 말하는 법》의 마지막 장을 넘겼다. 인천공항에서 출발할 때부터 읽기 시작한 책인데, 여행의 종착지에서 마지막 장을 덮고 나니 기분이 묘했다. 이 책을 여행 가방에 넣었던 이유는, 아무리 오래 여행하더라도 광대한 러시아 땅을 전부 살펴볼 수는 없기에, 미처 여행하지 못한 곳들을 어떻게든 더듬어보고 싶었기 때문이다. 하지만 책장을 덮은 뒤 나는 '여행하지 않은 곳에 대해서는 굳이 말하려 애쓰지 않겠다'는 결론을 내렸다. '완전한 여행'을 위해 굳이 상상 속의 공간에서 직접 보지 못한 그림을 그려내느라 괴로

위하는 것보다 공간이 주는 압도적인 힘을 빌려 내 속에 있는 이야기를 꺼내는 편이 더 '행복한 여행'일 테니까.

부지런히 돌아다녔지만 여전히 아쉬움이 많이 남았다. 볼쇼이 극장과 마린스키 극장에서 펼쳐지는 발레 공연을 보지 못한 것, 모스크바 남쪽으로 자작나무 숲을 지나면 만날 수 있다는 톨스토이의 마을 '야스나야 폴랴나 Ясная Поляна'에 가보지 못한 것, 지척에 두고도 더듬지 못했던 아름다운 유적들과 박물관들, 그리고 어쩌면 우리가 먼저 다가서길 기다렸을지도 모르는 더 많은 러시아인들과 인사를 나누지 못했던 일……. 러시아의 무수한 아름다움을 느끼기에 모든 시간이 너무나 짧게만 느껴졌다.

여행하지 않은 곳에 대해서는 굳이 말하지 않기로 했지만, 여행한 곳에 대해서는 분명히 말할 수 있을 것 같다. 마피아와 스킨헤드에 대한 두려움을 비웃는 모스크바의 아름다움과 노을마저 약동하는 상트페테르부르크의 발랄함. 러시아는 상상보다 더 아름다운 곳이었다. 닿을 수 없는 것들에 대한 꿈을 간직한 순수한 사람들이 환영처럼 오가는 환상적인 공간을 거닐수록 떠나기가 아쉬웠고, 이별의 날이 가까워올수록 사소한 거리의 풍경마저 위대한 예술 작품처럼 감미롭게 느껴졌다. 단언컨대 이 도시들이 존재한다는 것은 여행자에게 축복이다.

PART

5

그리움을
예약하다

마음속에 아름다운 추억이 하나라도 남아 있는 사람은 악에 빠지지 않을 수 있다.
그리고 그런 추억들을 많이 가지고 인생을 살아간다면
그 사람은 삶이 끝나는 날까지 안전할 것이다.

– 도스토옙스키, 《카라마조프가의 형제들》

지금 만나러 갑니다,
도스토옙스키

by 수스키

시간이 어떻게 흘러가는지 깨닫지도 못할 만큼 눈 깜짝할 사이에 핀란드 여행이 막을 내렸다. 헬싱키에서 고속열차를 타고 상트페테르부르크로 돌아가는 길, 준스키가 빠진 빈 자리에서 우리 셋은 말 수가 줄었다. 그냥 헬싱키에서 한국행 비행기를 타고 서울로 돌아갈 수도 있지만, 러시아에서 한국으로 가는 것과 비행기 표값이 무려 40만 원차이. 번거롭더라도 기차로 다시 상트까지 이동해 그곳에서 비행기를 타는 편이 더 합리적이다.

기차로 국경을 넘을 때는 기차 안에서 여권 검사를 한다. 먼저 핀란드 출입국 관리소 직원이 와서 묻는다.

"May I see your passport?(여권을 볼 수 있을까요?)"

핀란드인다운 정중하고 단정한 말투. 곧 여권 검사가 끝나고 이제 러시아 직원이 온다.

"Passport?(여권?)"

무표정한 얼굴에 딱딱한 말투. 아아 난 다시 러시아에 왔구나. 텅 빈 기차에서, 피식. 웃음이 나온다. 러시아 쪽 직원이 나를 위아래로 훑어 보더니 성큼성큼 사라진다. 핀란드도 성큼성큼 멀어졌다.

상트페테르부르크의 기차역에 도착하자 이곳 사람들이 얼마나 말을 많이 하는지, 얼마나 목소리가 큰지 새삼 느껴진다. 조용한 핀란드에서 왔더니, 유독 이곳의 번잡스러움이 확성기를 통과한 소리처럼 과장되어 들린다. 무릇 사람 사는 곳이라면 이래야지. 번잡함과 시끌벅적한 소음이 약동하는 생명력으로 느껴진다. 나는 아무래도 정서불안인가 보다. 차분함이나 고요함, 단정함보다는 조금 미숙하지만 시끄러운 이곳이 좋다.《죄와 벌》의 주인공 라스콜니코프가 괴로움에 방황하다 사람들과 어깨를 부딪히던 이 좁은 골목골목이 훨씬 마음에 들었다. 그런데 오늘은 이 골목을 그대로 남겨두고 떠나야 한다. 드디어 짧은 러시아 여행을 마치고 한국으로 돌아가는 날이다.

"아, 도스토옙스키 동상도 봐야 하고, 푸시킨 박물관도 봐야 하고, 카잔 대성당이랑 피의 사원 안에도 들어가 봐야 하고, 샤슬릭도 다시 한 번 배 터지게 먹어야 하는데."

그 모든 걸 내려놓고 사무실로 복귀해야 한다. 그리고 그동안 밀린 일감을 한 아름 안겨받겠지. 그럼 나는 책상 앞에 앉아, 사약을 받는 충신처럼 그 모든 것을 겸허히 받아 들어야 한다. 이 모든 것을 뒤로한 채 말이다. 여행지에서 절대 하지 말아야 할 것은 서두르는 것이라고, 급한 마음에 이곳저곳 다니지 말고, 한 곳을 가더라도 오래오래 시간을 꼭꼭

씹어 먹을 수 있는 곳으로 가자고 스스로 원칙을 세웠었는데. 마감 시간이 다가오니 원칙이고 뭐고 조바심이 난다.

애초부터 욕심쟁이 혹뿌리 영감 같은 계획을 세운 게 잘못이었다. 포기해야 한다. 포기에 익숙해져야 한다. 조바심을 다스리며 조용히 여행을 정리해야지. 그리고 마지막으로 도스토옙스키를 만나야지. 박물관은 못 가더라도 그가 살던 곳, 그의 동상은 꼭 보고 가리라. 오래전 나는 도스토옙스키의 책을 읽고 그의 천재성에 얼마나 탐복했는지 모른다. 인물들의 갈등 구조와 심리 묘사가 어찌나 쫀쫀하고 숨 막히던지. 특히 《죄와 벌》 같은 작품을 보면, 도스토옙스키가 이걸 쓰다가 미치지 않았다는 게 신기할 뿐이다. 그의 극세사처럼 촘촘한 성격 그대로 일본에서 태어났다면 아마도 그는 오타구계의 거장이 되었을 것이고, 스위스에서 태어났다면 망치와 루뻬로 원자시계 하나쯤은 만들었을 게다. 음, 우리나라에서 태어났다면 방망이 깎는 노인이 돼서, 인간문화재로 최소 당상관은 지내지 않았을까. 이 고집 센 늙은이. 난 그를 만나러 지금 간다.

"도스토옙스카야_{Достоевская} 지하철역은 어떻게 가죠?"

여리여리한 여자가 가던 길을 멈추고 손가락을 땅바닥에 그어가면서 길을 알려준다. 아니 손이 더러워질 텐데. 난 너무 황송했고, 황송한 시간이 지나가 버리는 게 아쉬워, 더 자세히 알려달라며 집착 강한 남자처럼 굴었다.

"저기다!"

이번에도 택형이 귀신같이 찾아냈다. 역시 인간 내비게이션. 택형이 가리키는 길 저편에는 우중충한 하늘보다도 더 우중충한 표정으로,

상트페테르부르크 시내에 위치한 도스트옙스키 동상. 살아생전 그를 보듯이 고뇌에 찬 표정이다.

수심 가득한 도스토옙스키가 앉아 있었다. 동상 옆에는 꽃을 파는 노점이 있다. 간간히 꽃을 사서 헌화하는 여행객들을 위함이었다. 저기서 꽃을 파는 분들은 언제부터 장사를 시작했을까. 수많은 사람들에게 영감과 감동을 준 도스토옙스키는 죽어서도 일자리를 제공해주고 있는 듯했다.

사실 도스토옙스키가 저렇게 수심이 가득한 표정을 짓고 있는 데에에는 다 이유가 있었다. 항상 빚 독촉에 시달렸던 그는 빚쟁이들로부터 쉽게 도망치기 위해 항상 길모퉁이에 있는 집에서만 살았을 정도였다고 한다. 엎친 데 덮친 격으로 그의 형이 죽자 형수는 다섯 명의 아이들을 데리고 와 그에게 생활비를 달라고 볶아댔다. 그럼 그는 책을 쓰기도 전에 선수금을 받아 생활비를 썼고, 남은 돈은 도박으로 모두 탕진하는 생활을 반복했다고 한다. 그러니 표정이 밝을 리가 있나. 그의 소설들이 대부분 긴장이 넘치고, 무엇엔가 끊임없이 쫓기는 듯한 쫄깃한 구성으로 짜여진 데에는 그의 이런 생활과 무관하지 않다는 주장이 있을 정도다.

그러나 그를 이러한 암담한 상황에서 구출해준 것은 그의 두 번째 부인 안나 스니트키나였다. 스무 살의 나이에 마흔여섯의 도스토옙스키와 결혼한 안나는 남편을 도박 중독자를 위한 치료 모임으로 끌고 가도 시원찮을 판에, 오히려 그의 손을 잡고 도박장으로 갔다고 한다. 밑천을 마련해주기 위해 빚까지 내어가면서 말이다. 그런 기다림이 도스토옙스키의 불안과 신경증을 회복하고 다시 글을 쓸 수 있는 자생력을 길러줄 수 있을 거라고 믿었던 것 같다. 그리고 어느 날 도스토옙스키는 그녀의 지고지순한 믿음에 보답이라도 하듯 스스로 도박장을 걸어 나왔다. 그리고 "악몽에서 깨어났다"면서 지난 과거를 통렬히 반성하고는, 《죄와 벌》,《카라마조프가의 형제들》과 같은 걸작을 써 내려간 것이다.

"아, 진짜 안나 아니었음 탄생할 수 없었던 작품이네."

묵묵히 얘기를 듣던 택형이 말한다.

창의적인 문학작품을 수없이 만들어냈을 뿐 아니라, 후대에까지 고

도스토옙스키 동상 옆으로는 꽃을 피는 노점들이 늘어서 있다. 도스토옙스키에게 헌화하기 위해 꽃을 사는 사람들.

전으로 길이 남을 명작을 탄생시킬 정도로 똑똑한 그가 도박을 끊지 못해 애면글면 살았다니. 그는 도박판에 앉아 무엇을 보았기에, 그 자리를 떠나지 못했을까. 매주 로또를 사는 직장인들처럼 그도 생계의 문제에서 벗어나 마음껏 하고 싶은 일을 하며 살고 싶었던 걸까? 위대한 예술가에게도 그런 나약한 면이 있다는 게 한편으로는 안심이 되기도 하면서, 다른 한편으로는 그가 측은하기도 하다. 르네상스 시대를 살았던 다른 예술가들처럼 부호들의 막강한 지원 속에 글을 썼다면 또 어떤 작품이 탄생했을까. 잘 모르겠지만 그래도《죄와 벌》은 탄생하지 못했을 것 같다. 팬으로서 그건 상상할 수 없는 일. 그에겐 미안하지만 그의 작품을 사랑하는 사람으로서, 긴박하게 살았던 그의 생에 감사하며 도스토옙스카야 역을 떠났다.

멀고도 먼
집으로 가는 길

●

by 수스키

"택형, 보여? 보이면 말 좀 해줘."

버스 정류장에서 목을 빼고 두리번거리는 택형에게 말한다. 침통한 표정. 이번에도 우리 버스는 안 왔다. 평소에 늦어도 10분에 한 대씩은 다니던 버스인데. 오늘은 벌써 20분째 감감 무소식이다.

"주말이라 그러겠지."

속 좋은 설뱀이 건물 벽에 붙어 와이파이를 잡는다.

"그렇겠지?"

바로 옆에서 와이파이 도둑질을 하며 나도 맞장구를 친다. 우리 일정을 수시로 체크하며 초조해하는 사람은 택형밖에 없는 것 같다. '혹시 오늘은 정말 버스가 오지 않는 날이 아닐까?' 불길한 생각이 들었지만, 입 밖으로 내뱉으면 정말 현실이 될 것 같아 입을 다물었다. 가만 보니 우리와 함께 기다리기 시작한 러시아 사람도 여전히 정류장에 앉아

버스를 기다리고 있다. 그래, 현지인이 그렇다면 그런 거지. 여행 초짜처럼 안달복달하지 말자.

하지만 20분 후, 우리는 버스를 포기하기로 결론을 내렸다. 이유는 모르겠지만, 오늘은 버스가 없는 날임이 분명했다. 현재 시각은 5시 30분을 갓 넘겼다. 9시 비행기니까 그렇게 시간에 쫓기는 건 아니다. 아까부터 우리를 태우고 싶어 안달 난 택시를 부르면 그만이다.

"얼마예요?"

"500루블!"

뭐? 500루블? 우리 돈으로 2만 원이 조금 안 되는 돈이다. 하지만 카잔 대성당에서 숙소가 있는 마린스키 극장까지는 고작 3킬로미터, 지하철 한두 정거장 거리인데 2만 원이라니! 우리를 글로벌 호구로 본 게 틀림없다.

우리는 기분 나쁘다는 듯 택시를 보낸 뒤, 불법 영업을 하는 일반 승용차를 세웠다. 러시아에서는 자가용을 세워 요금을 흥정한 뒤 원하는 곳까지 타고 갈 수 있는, 이른바 불법 택시 영업이 보편화되어 있다. 그런데 불법 택시도 똑같은 소리를 한다.

"500루블!"

내가 잘못 들었나 싶어, 50루블을 흔들면서 이거냐고 물어보자, 그는 나를 벌레 보듯 쳐다본다. 별것도 아닌 것에 자존심이 상한다. 그래서 더 악착같이 그 돈 못 주겠다. 이 돈이 어떻게 아낀 돈인데! 더블패티버거 먹고 싶은 걸 참고, 일반 버거 먹어가며 아낀 예산이다. 햄버거한테 미안해서라도 택시는 못 타겠다.

"걷자!"

걸어도 고작 30~40분 걸릴 거리일 테니, 숙소까지 걸어갔다가 그곳에 맡겨놓은 짐만 찾아 바로 공항으로 가면 된다. 걸어서 가본 적은 비록 한 번도 없었지만, 상트는 물길이 사방으로 나 있어 그냥 물길만 따라가도 쉽게 길을 찾을 수 있다. 우리는 이 거리를 걷는 것도 마지막일 거라는 생각에, 기분 좋은 감상에 젖어 이름 모를 상트의 골목을 걷기 시작했다. 잠시 후 벌어질 일은 상상도 못한 채 말이다.

그리고 30분 후. 뭘까? 마린스키 극장이 이쯤이면 보여야 하는데 없다. 코너를 돌면 나올 줄 알았는데 다음 코너에도, 그 다음 코너에도 없었다. 뭔가 잘못된 것이 분명했다. 길을 지나는 이들에게 위치를 묻는데, 지난번에는 그렇게 친절하기만 하던 뻬쩨르 사람들이 오늘따라 손사래를 치며 황급히 지나간다. 몇 번의 물음 끝에야 비로소 우리가 전혀 다른 방향으로 멀리까지 와버렸다는 걸 알았다. 최소한 지금까지 온만큼 다시 돌아가야 했다. 시간은 이미 6시를 훌쩍 넘긴 상황. 이제 비행기 이륙까지는 3시간도 남지 않는다. 그런데 심지어 중심지에서 멀어진 덕분에 이젠 택시도 보이지 않는다. 마침 하늘에서는 우리를 비웃기라도 하는 듯 비를 쏟아붓기 시작한다. 짜증이 범람해 강물처럼 흐른다.

"우리 그냥 만 원 내고 데이터 써서 지도 볼걸 그랬다."

"그느니 차라리 아까 500루블 주고 택시 탈걸 그랬지."

역사에 만약이 없듯 현실에도 만약은 없다. 현재는 모두 과거의 결과다. 멍청한 사람에게는 멍청한 결과가, 현명한 사람에게는 몸이 조금 편할 수 있는 결과가 있겠지. 지금 우리에겐 딱 우리가 저지른 행동만큼의 현실이 영글어가고 있었다.

"아줌마, 계시겠지?"

택형이 물었다. 이 상황에 아주머니까지 집을 비웠다면 정말 낭패다. 이제 이륙까지 두 시간. 만약의 상황에 대비해야 했다. 우리는 궁리끝에 도저히 시간이 안 된다면 캐리어를 포기하기로 했다. 여권과 비행기 표는 다행히 배낭에 넣어두었으니, 여차하면 바로 공항으로 뛰어야했다. 숙소 앞에 도착. 떨리는 마음으로 대문을 밀어보니, 철크덕. 잠겨 있다!

"아주머니!"

숙소 안에서는 아무런 대답이 없다. 눈앞이 캄캄. 오늘은 '수금지화목토' 모든 행성이 일렬로 늘어선 날, 우리 인생 최대의 불운의 날이다.

"아주머니!"

한 번 더 불러본다. 그때 들리는 부산하게 움직이는 소리. 뭐지?

"어머나! 설거지하느라 물소리 때문에 못 들었어요."

너무 반가워서 달려가 안길 뻔했다.

"밥 좀 먹고 가요."

고마운 아주머니는 정성스레 우릴 위해 저녁을 먹고 가라고 권했다. 마지막이라 특별히 만들었다며 닭다리를 밀탑빙수처럼 쌓아 올린 닭볶음탕에 깻잎과 김치 등을 정성스럽게 준비해주셨다. 그렇게 우리를 마지막까지 폭풍 감동으로 몰고 갔던 아주머니. 비행 시간 때문에 과일만 허겁지겁 입에 쑤셔넣고 떠나는 우리를 위해 끝내 택시까지 불러주셨다. 10킬로미터 넘게 떨어진 공항까지 500루블. 합리적인 가격이다. 아

빗속을 뚫고 도착한 상트페테르부르크 공항. 이제 정말 헤어질 시간이다. 다시 만날 때까지, 아름다운 그 모습 그대로이기를.

주머니가 없었다면, 우유부단한 우리들은 택시를 잡을 수나 있었을까?

"얼른 타자!"

먹을 것을 싸 가라고 챙겨주시는 아주머니를 만류하다 보니, 어느 틈에 콜택시가 와 있었다. 이제 정말 이별이다. 택시에 올라타자 오늘 있었던 일들이 휘리릭 머릿속을 지나간다.

"정말 우리 하마터면 비행기 못 탔을지도 모르겠다."

신중한 택형이 다행이라는 듯 말한다.

"아주머니가 챙겨주시려던 과일 좀 더 가져올 걸 그랬나?"

"그러게, 이제 살았다고 생각하니까 갑자기 배가 고프네."

우리는 새 생명을 얻은 사람들처럼 과장된 활기로 택시 안을 가득 채웠다. 그리고 얼마 지나지 않아 풀어진 긴장은 우리를 잠으로 이끌었다. 택시와 바람이 부딪히는 소리, 타이어와 도로의 마찰음이 잠을 불렀다. 택시 기사가 라디오 볼륨을 높였다. 라디오 게스트들은 알 수 없는 말들을 '~스키 ~스키' 내뱉고 있었다. 택시가 달리는 속도만큼 러시아가 멀어져갔다.

다시 떠나지
않을 수 있을까?

by 준스키

내가 처음 출판한 책《행복하다면, 그렇게 해》를 썼던 여행은 쓰기 위해 작정하고 혼자 떠난 여행이었다. 히말라야, 인도, 알프스, 산티아고를 걸었던 93일간의 여행은 도전으로 가득 차 있던 데다 펜과 종이라는 친구가 있으니 혼자 다녔음에도 심심하지 않았다. 처음엔 단지 가족과 친구들에게 선물하기 위해 글을 쓰기 시작했다. 그런데 막상 책 한 권 분량의 글이 쌓이고 보니 출판 욕심이 생겼고, 한 출판사와 1년간의 전투적인 작업 끝에 내 이름이 박힌 책 한 권을 손에 들 수 있었다. 그 첫 느낌을 잊을 수가 없다. 내 아이가 태어나면 그런 기분이 들까? 이 아이가 많은 이들로부터 사랑받을 수 있기를 간절히 바라는 마음, 혹여 누군가에게 상처를 받게 된다면 내가 더 가슴 아플 듯한 그런 기분.

다행히 첫 책은 예상보다는 더 많은 사랑을 받았지만, 책으로 돈을 벌겠다는 생각은 처음부터 전혀 없었고, 그러기도 결코 쉽지 않은 현실이기도 했다. 그래서 속상했냐고? 전혀 아니다. 내 글 한 줄이 누군가에게 영향을 주었다는 걸 알았을 때의 감동은 실로 어마어마한 것이었다. 첫 책이 출간된 뒤, 연세 지긋한 어르신께 책이 나왔다고 인사를 드리니 상당히 부러워하시는 분들이 많았다. 나도 이런 걸 한번 해보고 싶으셨노라고. 그런데 여행에세이 쓸 때보다 훨씬 더 많이 고생했던 까맣고 두꺼운 석사 논문을 드릴 때는 그런 반응이 아니었다. "고생했네" 정도의 반응이 대부분이었고, 너무나 전문적인 분야여서 학계에 있는 분들에게서조차 어떤 코멘트조차 받기 어려웠다. 우리 안엔 자기도 모르게 '많은 사람들에게 영향을 미치는 꿈'이 숨어 있는 것 아닐까? 책을 쓰는 일처럼.

영화 〈슈미트 이야기〉에는 은퇴하고 자식들마저 독립시킨 뒤, 무력감에 시달리다가 먼 나라의 아이를 후원하면서 자신의 삶의 의미를 찾는 할아버지 이야기가 나온다. 그를 보고 중요한 행복의 조건을 발견했다. 누군가에게 '누군가'가 되어주는 것. 다시 말해 다른 이에게 어떤 영향을 주는 것 말이다. 이건 정말 소중한 경험이다.

평범한 우리의 소소한 이야기라도 누군가에게는 도움이 되지 않을까 싶은 기대로, 더 열심히 쏘다니고, 그만큼 더 부지런히 기록했다. 광대한 땅을 잠시 스쳐가는 이들이라도 그 속에 품은 이야기는 무한히 빛날 수 있으니까. 나는 '나 평범하다'고 하는 사람들이 진짜 평범한 걸 보지 못했다. 누구나 특별한 이야기를 품고 있다. 특별한 공간의 힘을 빌린다면 그걸 풀어놓는 일은 더 쉽다.

"지금? 글 쓰는 게 너무 행복해."

응어리 같은 꿈을 품고 사는 수스키가 원고 작업을 하면서 하던 말이다. 그는 무언가를 생산해내는 일이 온 몸을 다시 깨어나게 한다고 했다. 서른 사춘기에 자아를 새로 발견한 느낌이랄까. 나도 그랬다. 나도 읽을거리, 쓸거리들을 앞에 두고 앉아 따뜻한 커피를 감싸 안을 때, 정말 행복하다. 행복이 행복을 부르지 않던가. 이 글이 여행을 꿈꾸는 누군가에게 행복을 조금 더 얹어줄 수 있다면 그만한 행복도 없을 것 같다.

서른에 다시 학교를 다니면서 가장 감격스러웠던 것은 방학을 가질 수 있다는 사실이었다. 그 이름만으로도 황홀하게 반짝거리는 시간. 잠시 머물렀던 회사에서는 숨이 턱 막혔었다. 이 회사를 그만두지 않는 한 장기 여행은 언감생심 꿈도 꾸지 못할 거라는 생각이 가슴을 짓눌렀다. 신입사원의 설렘을 안고 새 책상에서 큰 포부를 품기는커녕, 20년 후의 내 자리가 될 수도 있을 부장님 책상을 물끄러미 보다가 절망했던 것도 그런 이유였다. 그리고 내 자신을 행복하게 해주고 싶다는 생각이 들었다. 삶의 기준이야 저마다 다르니 누군가와 비교할 일은 아니었고, 그저 내가 행복할 수 있는 일을 하고 싶었다.

서른이면 뭐라도 되어 있을 줄 알았는데. 이따금 느껴지는 세월의 엄청난 속도감이 위협적이기까지 하다. 시스템 안에서, 비슷한 사람들과 함께 어딘가로 굴러갈 때는, 멈추어 생각해볼 여유조차 녹록치 않은 법이다. 하지만 멈추면, 비로소 더 조급해지곤 한다. 내가 완전히 새로운 대안을 선택할 수 있었던 것도, 가만 멈추어 생각해보지 않았기 때문이었다. 고민할 시간에 조금 더 움직이기로 했고, 너무 조급해하지 않는 동안 내가 행복할 수 있는 지점도 찾을 수 있었다.

여행하기 위해 회사를 그만둔 것은 아니었으나, 기회가 생기자 떠나지 않을 이유가 없었다. 여행은 상상을 현실 속에서 펼쳐내는 과정이고, 닿을 수 없는 꿈을 꾸고 이룰 수 없는 사랑을 하는 일들이 더 쉽게 가능하니까. 여행에 대한 환상과 여행의 현실 사이의 괴리는 언제나 크기는 하지만 말이다.

긴 여행을 마치고 돌아와서도 다시 새로운 꿈을 꾼다. 여행은 그리움을 만들어내는 멋진 방법. 중독되지 않을 수 없다. 그리고 마음을 담아 걸었던 길은 꽤 오랫동안 그리워질 것이다. 함께가 아니었다면 없었을 일들도.

또 다른 여행을
준비해야 하는 이유

●

by 수스키

차르 정부와 싸우면서 노동자, 농민, 병사들은 자신들의 대표 기관인 소비
에트를 결성하였다. 마침내 1917년 3월, 러시아 민중들은 왕궁으로 몰려들
었다. 진압군을 싣고 올 기차는 노동자들의 파업으로 발이 묶였고, 전쟁에
지친 병사들까지 혁명 세력의 편에 섰다.

- 전국역사교사모임, 《살아 있는 세계사 교과서》

"전쟁에 지친 병사들까지 혁명 세력의 편에 섰다." 역사서에는 이렇
게 간단하게 한 줄이 나오지만 당사자에게는 얼마나 큰일이었을까. 지
금까지 자기가 한 행동의 정당성을 부인하고, 진압될지도 모르는 혁명
군 편에 서는 것. 혹은 전복될지도 모르는 권력을 비호하는 것. 이 사이
에서 무슨 행동이든 해야 하는 그들의 마음이 어땠을지, 고민이 어땠을
지 나는 그 무게를 도무지 상상도 못하겠다. 이들은 기회주의자일까, 역

사의 거대한 흐름에 몸을 맡긴 결단가일까. 그저 목숨이 아까운 소시민일까. 무엇이든 중요치 않다. 지금 나에게 중요한 것은, 그들은 오늘도 매일매일 결정을 해야 한다는 것이다. 그리고 그들의 모습 속에 바로 나 자신도 있다는 점이다. 무엇을 선택할 것인가. 무거운 질문이 내 어깨를 누른다.

직장 생활이라는 게 선택의 연속이다. 일요일 오후에 한국에 떨어져서, 월요일 아침에 사무실에 도착해야 하는 샐러리맨의 휴가에도 선택의 문제는 여지없이 일상을 파고든다. 조금 일찍 돌아와 며칠 쉬었다 출근할 수도 있지만, 그러려면 여행을 줄여야 한다. 한 가지 음식을 더 먹기 위해 다른 한 가지 별미를 포기해야 하는 눈물의 뷔페처럼. 유한한 휴가일을 가지고 있는 샐러리맨의 선택은 본디 비극과 맞닿아 있다. 시차 적응할 새도 없이, 눈앞의 공간에 적응해야 한다. 먼지 쌓인 책상을 물티슈로 닦아내며, 사무실을 둘러본다. 아무렇지도 않게 월요일을 맞이하는 이들. 본래부터 이 건물과 세트가 아닌지 의심스러울 정도로 단정하게 잘 어울리는 풍경이다. 그리고 나도 그 풍경에 스르륵 스며든다. 그러기로 선택한 것이다.

그렇게 다시 일상으로 돌아와 여행 책을 써 나간다는 건 쉽지 않은 일이다. 낮에는 직장에서 평범한 회사원으로 살다가, 밤이 되면 상트의 후미진 골목을 배회하는 여행자로 사는 건, 마치 영화 〈미드나잇 인 파리〉의 주인공 '길(오웬 윌슨)'처럼 시간과 공간을 넘나드는 일이기 때문이다. 그러다가 현실로 돌아오는 마차를 놓쳐버릴까 봐 문득 겁이 나기도 했다. 그럼에도 매일 밤 여행의 순간들을 복원해 한 올 한 올 꺼내는 꺼내는 재미가 쏠쏠했던 것도 사실이었다. 내가 좋아하는 친구들과 보낸, 잊지 못한 한때를 글을 통해 박제시키는 작업이란. 달리기 선수에게 운동이 주는 쾌감인 러너스 하이Runner's High가 있다면, 글을 쓰는 이에겐 라이터스 하이Writer's High가 있지 않을까. 만약 내가 러시아에 다녀오지 않았다면 이곳을 지금처럼 좋아할 수 있을지 모르겠다. 붉은 광장의 아름다움을, 참새언덕의 야경을, 넵스키 대로의 자유로움을 상상이라도 했을까. 어쩌면 실체도 없는 흐릿한 무채색의 느낌으로 영영 남아 있을지 모른다. 반짝이는 실체와 마주할 수 있는 건, 떠나지 않고서는 불가능한 일일 테니 말이다.

그럼에 떠나야 할 이유는 분명하다.

얼마 전 TED에서 본 한 여자의 이야기를 하고 싶다. 그녀의 이야기는 이렇다. 그녀는 사랑하는 어머니를 하늘나라로 떠나보내고, 죽음이 무엇인지 깊이 생각했다. '언젠가 나도 죽을 텐데. 내 인생에서 진짜 중요한 건 어떤 걸까?' 그녀는 자신의 생각을 다른 이들과 함께 나눠보고 싶었다. 그리고 그러한 생각은 재미있는 시도를 하게 했다. 자기가 사는 동네 담벼락에 아래와 같이 적는 게 바로 그 시작이었다.

"내가 죽기 전에 나는 ＿＿＿를 해보고 싶다(Before I die, I want＿＿＿)."

그러고는 누구나 빼서 쓸 수 있는 분필을 가져다 놓았다. '이게 뭐지?'라고 생각되지만, 의외로 많은 사람들이 빈칸을 채웠다. 물론 장난처럼 가볍게 써놓은 사람이 많았다. 이를테면 이런 것이다.

"죽기 전에 나는 해적질을 해보고 싶다."

"죽기 전에 나는 한 그루의 나무를 심겠다."

"죽기 전에 나는 이 낙서를 다 지워버리겠다."

"죽기 전에 나는 은행에서 돈을 왕창 빌려서 안 갚겠다."

그런데 그중 진중한 답변들도 눈에 들어온다.

"죽기 전에 나는 그녀를 한 번 더 붙잡고 싶다."

"죽기 전에 나는 누군가의 영웅이 되어보고 싶다."

"죽기 전에 나는 어머니에게 사랑한다고 말하고 싶다."

그중 가장 내 시선을 잡아끄는 게 있었는데 그건 바로 아래와 같은 글이다.

"죽기 전에 나는 완전한 내가 되고 싶다."

Before I die, I want to be completely myself.

짧은 한 줄 큰 울림. 저걸 쓴 사람은 어떤 심정으로 썼을까. 아아 지구 반대편에 있는 당신도? 다들 그렇게 고민하고 있었구나. 직장에서 눈앞에 닥친 일만 하다 보면, 문득 진짜 중요한 질문을 놓쳐버리는 건 아닐까 겁이 날 때가 있다. 내가 하고 싶어 하던 일이 이건가? 내가 진짜 좋아하는 건 뭘까? 난 어떤 것을 할 때 흥분하며, 어떤 것에 미소 짓고 어떤 것을 견디지 못할까? 그래서 난 어떤 사람일까? 내가 떠나야 하는 이유는 결국 그 물음들을 스스로 던져 보내기 위해서가 아닐까 싶다. 일상에 매몰돼 하루하루를 살다 보면, 자기도 자기 진짜 모습을 알기 어렵다. 한 발짝 떨어져서 보기. 세상에 당연한 것은 나의 존재를 포함해 하나도 없다는 단순한 진리를 위해 나는 얼마나 더 깨져야 하는지 모르겠다.

그래서 한 번쯤은 배우가 아닌 관객이 되어봐야 한다. 모든 의무와 역할로부터 자유로워질 수 있는 자유. 가면을 벗고 자신의 배역을 한 발짝 떨어져서 찬찬히 볼 수 있는 관객이 될 자유. 내 역할에 몰입하느라 미처 볼 수 없었던 것을 보며, 운이 좋다면 '완전한 나'에 대한 답을 아주 조금은 찾을 수 있을지 모른다. 떠날 것인가 머물 것인가. 그것은 전적으로 내 선택에 달려 있는 것 아닐까.

다시 시간을 돌려도 선택은, 떠나는 거다

러시아에 다녀와 책을 쓰고, 꿈같은 시간이 흘러 어김없이 다시 봄이 왔다. 모두 자기 자리로 돌아간 우리는, 더 바빠진 삼십 대들. 러시아의 추억이 잦아들고 있을 즈음 수스키에게서 걸려온 전화 한 통.

"또 가자, 러시아."

그리움이 깊으면 가끔 말이 헛나오기도 하니까, 추억 팔이 하고픈데 들어줄 사람이 나나 택형, 설뱀 말고 또 없을 테니까, 그러려니 하며 받았다.

"왜 갑자기? 시베리아 자작나무가 또 부르는 것 같아? 나도 그립긴 그립다. 그래도 딴 나라 못 가본 데도 얼마나 많은데 또 러시아야?"

"야 진짜야. 시간 좀 빼봐."

"웬만해선 힘들 것 같은데. 요즘은 살 뺄 시간도 없다야."

그런데 또다시 이어진 수스키의 흥분 어린 목소리는 나를 조금은 두렵고 조금 더 많이 설레게 했다. 처음 함께 떠나기로 했던 그 순간처럼.

이 모든 게 기억도 희미해진 종로의 어느 맥줏집에서 시작되었다. 그 골목 풍경은 가물가물해도 '치맥결의'만큼은 또렷하다. 꼭 함께 가자고 외치던 그 밤. 그리고 우리는, 책을 쓰기로 했던 거다. 뜬금없는 결의였던 만큼이나 번뜩이는 아이디어를 모아, 여행 기획서를 만들었다. 이 마성의 문서 한 장에는 화려하거나 치명적으로 아름답거나 하는 문장이 있던 게 아니었다. 거기엔 어느새 거칠어져버린 삶을 버티는 지금 우리의 간절한 바람이 있었다.

누군가에게는 소박하지만 우리에게는 행복한 결심. 여행이 또 여행을 만들었다. 처음 그 무모했던 여행이 이렇게 멋진 행복을 만들어줄지는 미처 예상하지 못했었다. 그저 떠남이 주는 흥분에 취해 있었고, 잃었던 설렘을 낡은 서랍에서 다시 꺼낼 수 있었다. 그 말랑말랑한 감정을 세상에 다시 한 번 더 내보이게 된 거다.

책이 나오거나 세상 사람들이 우리 얼굴을 조금 더 많이 알게 된다거나 해서 우리 삶이 크게 달라지지는 않았다. 여전히 강한 척, 안 힘든 척 어른 코스프레 하느라 지친 일상을 살고 있다. 살림살이가 나아졌다거나 하지 않는 대신 이런 확신은 생겼다. 가슴이 뛰던 대로 떠나기로 했던 그 순간, 우리 그때 참 잘했다고. 그리고 내가 행복해지면 세상이 좀 더 행복해지기도 한다는 깨달음도 얻었다.

떠나기로 했다는 것 말고 우리에게 특별한 것은 아무것도 없었다.

소원 풀었다. 러시아!

사실은 여행이라고 행복하기만 한 것은 아니다. 비행기나 기차 옆자리
에 항상 예쁜 여자가 앉아 있는 것도 아니고, 가는 숙소마다 발랄한 여
행자 친구들이 우리를 반기고 있어서 맥주 한잔 걸치는 추억이 생겨나
는 것도 아니다. 더구나 러시아로 떠났던 여행에서는, 말해 무엇하랴 싶
지만, 비행기 옆자리에는 설뱀, 기차 옆자리에는 숙취 고통을 호소하던
수스키, 충분히 낭만적일 법한 숙소의 밤에는 택형의 거친 웃음소리가
있었다. 그런데, 이상한 게 그것도 좋았다. 일상적인 먹고 자는 일들과
시덥잖은 농담 따먹기조차도. 여행의 비밀은, 공간의 힘이 사소한 순간
을 특별하게 만들어준다는 데 있는지 모르겠다.

러시아는 여전히 좀 멀다. 몇 번이나 다녀왔는데도 말이다. 강아지보다는 고양이에 가깝고, 엄마보다는 아빠 같고, 발라드보다는 고전음악스럽고, 카페모카보다는 곰탕 맛이 나는 나라다. 왠지 가까워지기 힘들고, 가까이 존재하지만 따뜻한 느낌만은 아니다. 하지만 그 맛은 깊고 넓어 알수록 빠져들 수밖에 없다. 대체 무슨 말인지 짐작하기도 어렵지만 매력 있는 키릴문자처럼.

이 여행이 내게 속삭여준 비밀 하나, 가슴 울림이 느껴진다면 거기서 무언가 이미 시작되고 있다는 사실. 그러니 다시 시간을 돌려도 선택은, 떠나는 거다. 러시아로 떠났던 건 내게 주는 기가 막힌 선물이었다. 모르는 사람들은 흠칫 놀라지만 새삼 외쳐본다. 이런 비밀스런 행복 같은 나라.

스파시바, 로씨야!

모스크바 시내 지도

모스크바 우주 박물관
Ⓜ 6호선 베덴하(ВДНХ) 역

레닌그라드 역
Ⓜ 1·5호선 콤소몰스카야
(Комсомольская) 역

이즈마일롭스키 시장
Ⓜ 3호선 이즈마일롭스카야
(Измайловская) 역

볼쇼이 극장
Ⓜ 2호선 테아트랄나야
(Театральная) 역

모스크바 국립 서커스 극장
Ⓜ 1호선 우니베르시테트
(Университет) 역

아르바트 거리(빅토르 최 추모벽)
Ⓜ 3호선 아르바트스카야
(Арбатская) 역

모스크바 강

크렘린 궁전과 붉은 광장
Ⓜ 1호선 오호트니 랴트
(Охотный Ряд) 역

참새언덕
Ⓜ 1호선 보로비요비 고리
(Воробьёвы горы) 역

노보데비치 수도원
Ⓜ 1호선 스포르티브나야
(Спортивная) 역

구세주 성당
Ⓜ 1호선 크로폿킨스카야
(Кропоткинская) 역

고리키 공원
Ⓜ 5·6호선 옥탸브리스카야
(Октябрьская) 역

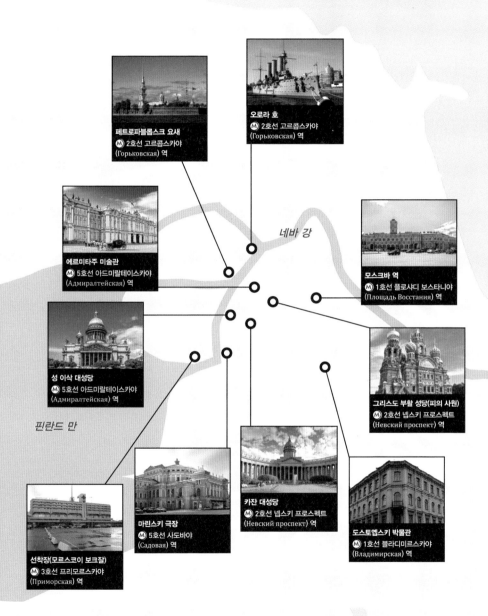

페트로파블롭스크 요새
Ⓜ 2호선 고르콥스카야
(Горьковская) 역

오로라 호
Ⓜ 2호선 고르콥스카야
(Горьковская) 역

네바 강

모스크바 역
Ⓜ 1호선 플로샤디 보스타니야
(Площадь Восстания) 역

에르미타주 미술관
Ⓜ 5호선 아드미랄테이스카야
(Адмиралтейская) 역

성 이삭 대성당
Ⓜ 5호선 아드미랄테이스카야
(Адмиралтейская) 역

그리스도 부활 성당(피의 사원)
Ⓜ 2호선 넵스키 프로스펙트
(Невский проспект) 역

핀란드 만

마린스키 극장
Ⓜ 5호선 사도바야
(Садовая) 역

카잔 대성당
Ⓜ 2호선 넵스키 프로스펙트
(Невский проспект) 역

선착장(모르스코이 보크잘)
Ⓜ 3호선 프리모르스카야
(Приморская) 역

도스토옙스키 박물관
Ⓜ 1호선 블라디미르스카야
(Владимирская) 역

매혹의 러시아로 떠난 네 남자의 트래블로그
러시아 여행자 클럽

초판 1쇄 발행 2015년 5월 11일
초판 3쇄 발행 2016년 6월 7일

지은이 서양수·정준오
펴낸이 성의현

주간 김성옥
편집장 박정철
책임편집 김동화
디자인 공미향
마케팅 연상희·김효근·김예진
경영지원 이미영

펴낸곳 미래의창
등록 제10-1962호(2000년 5월 3일)
주소 서울시 마포구 월드컵북로 6길 30 (동교동, 신원빌딩 2층)
전화 02-325-7556 (편집), 02-338-5175 (영업) **팩스** 02-338-5140
ISBN 978-89-5989-326-3 03980

※ 책값은 뒤표지에 있습니다. 잘못된 책은 바꿔 드립니다.

미래의창은 여러분의 소중한 원고를 기다리고 있습니다. 원고 투고는 미래의창 블로그와 이메일을
이용해주세요. 책을 통해 여러분이 갖고 계신 생각을 많은 사람들과 나누시기 바랍니다.
블로그 www.miraebook.co.kr 이메일 miraebookjoa@naver.com